中国电子教育学会高教分会推荐
普通高等教育电子信息类"十三五"课改规划教材

电工电子实训教程

主 编 陈红斌

副主编 王克强 李 伟 欧智贵

西安电子科技大学出版社

内 容 简 介

本书是依据高等学校工科专业电路课程对实验的要求,在总结编者多年电工电子实验教学改革与实践经验的基础上编写而成的。本书共分四章,第一章介绍了电工电子测量基础,第二章~第四章共有 35 个实验项目,主要包括电工技术实验、电子技术实验和电路综合设计实验,最后附录部分给出了实验仪器设备的使用说明。

本书适合自动化、电气自动化、电子信息工程、通信工程等电类专业的学生使用,也可作为高等院校非电类专业电工学课程的配套实验指导书,还可供工程技术人员参考。

图书在版编目(CIP)数据

电工电子实训教程/陈红斌主编. —西安:西安电子科技大学出版社,2016.9
普通高等教育电子信息类"十三五"课改规划教材
ISBN 978 - 7 - 5606 - 4034 - 1

Ⅰ.① 电… Ⅱ.① 陈… Ⅲ.① 电工技术—高等学校—教材
② 电子技术—高等学校—教材 Ⅳ.① TM ② TN

中国版本图书馆 CIP 数据核字(2016)第 209219 号

策 划	毛红兵	
责任编辑	刘玉芳 毛红兵	
出版发行	西安电子科技大学出版社(西安市太白南路 2 号)	
电 话	(029)88242885 88201467	邮 编 710071
网 址	www.xduph.com	电子邮箱 xdupfxb001@163.com
经 销	新华书店	
印刷单位	虎彩印艺股份有限公司	
版 次	2016 年 9 月第 1 版 2016 年 9 月第 1 次印刷	
开 本	787 毫米×1092 毫米 1/16 印张 9.5	
字 数	222 千字	
印 数	1~3000 册	
定 价	19.00 元	

ISBN 978 - 7 - 5606 - 4034 - 1/TM

XDUP 4326001 - 1

* * * 如有印装问题可调换 * * *

前　言

　　电工电子技术实验是高等院校的一门基础课，是对学生进行科学实验基本训练，提高学生分析问题和解决问题能力的重要课程。为了加强高等院校电工电子基础课的实验技能训练，培养学生的实践动手能力，使学生掌握科学研究的基本方法，我们编写了《电工电子实训教程》一书。本书结合了目前实验仪器生产厂家最新产品特点，大部分实验操作与仪器使用一致，极大方便了学生的使用。

　　本书是我们在多年教学实践的基础上，经过不断改进和充实完善而成的。本书系统地介绍了电工电子实验的目的和要求、实验的基本程序、测量的有效数字和运算规则、误差和不确定度、实验结果表示和数据处理的基本方法。实验内容主要包括电工技术实验、电子技术实验和电路综合设计实验。其中，电工技术实验和电子技术实验旨在让学生了解常用元器件的性能和使用方法，巩固和加深对理论知识的理解，掌握基本的实验方法和技能，为后续实验打下基础。本书在编写时力求将实验原理叙述清楚，使学生在预习实验时能掌握理论依据，实验内容尽可能叙述得具体。而综合设计实验编写时不局限于统一的格式，只提出实验任务和基本要求，而让学生查阅相关资料，自行设计实验方案，更多地发挥其主观能动性和创造性，以培养学生的电路设计能力以及对现代电路实验方法、测试技术的应用能力。

　　本书由陈红斌任主编，王克强、李伟和欧智贵任副主编。参加本书编写工作的还有于凤梅、王改田、张麟、周丽萍、吴义晖等。本书还得到广东省创新强校项目资助和西安电子科技大学出版社的大力支持，在这里编者表示衷心感谢。

　　由于编者水平有限，书中难免有不当之处，希望广大读者批评指正。

编　者

2016 年 5 月

目 录

第一章　电工电子测量基础

第一节　电工电子实验的目的和要求

一、电工电子实验的目的

根据电工、电路实验大纲的要求，通过实验应达到以下目的：

（1）通过实验，巩固、加深和丰富电路理论知识。

（2）学习正确使用电流表、万用表、功率表及一些常用的电工设备；学会使用示波器、信号发生器、晶体管稳压电源、晶体管毫伏表。

（3）掌握一些基本的电工及电子测试技术，如测量电压、电流、功率、频率、相位、时间及电路的主要技术指标。

（4）训练学生选择实验方法、整理实验数据、分析误差、绘制曲线、判断实验结果、编写实验报告的能力。

（5）具备查阅电子器件手册的能力。

（6）能按照电路图连接实验线路和合理布线，初步具备分析、寻找和排除常见故障的能力。

（7）初步具有根据实验任务确定实验方案，选择合适元件设计线路的能力，具备选择常用电工仪表、设备进行实验的能力。

（8）培养学生实事求是、严肃认真、细致踏实的科学作风和独立工作的能力。

二、电工电子实验的要求

为了保证实验的正常进行，提出以下要求。

1. 实验前

（1）仔细阅读实验讲义及有关参考资料。明确实验目的、实验任务、实验必备的理论知识、具体的实验电路，了解实验方法和步骤，清楚实验中需观察哪些现象、记录哪些数据等，然后写出实验预习报告。

（2）理解并牢记指导书中提出的注意事项，了解仪器、仪表的使用方法，特别是它们的额定值，防止实验过程中损坏仪器、仪表。

2. 实验中

（1）实验者应按预先安排好的顺序到相应的实验台上做实验。先了解仪器、设备的规格、量程和性能等，检查仪器、设备是否齐全、完好，如发现问题应及时提出。

（2）合理布局。合理安排仪器、仪表的位置，使之符合安全、方便、整齐的原则；保证连线清晰、调节顺手、读数方便；应遵循布局合理、操作方便、连线简单、尽量减少连线交叉的原则。

（3）在连接实验线路时，可以按照"先串后并"、"先主后辅"的原则接好无源部分，而后接电源部分；接电源的时候应该将电源开关处于断开状态，并将可调设备的旋钮、手柄、触头等置于最安全或者要求置放的位置；还应该注意正确连接电子仪器的接地线。整个实验线路要求走线整齐，线路松紧适当，接线点不要过于集中于一点。

（4）完成实验接线后，必须进行自查：串联回路从电源的某一端出发，按回路逐项检查各设备、负载的位置、极性等是否正确、合理；并联支路则检查其两端的连接点是否在指定的位置。距离较近的两连接端尽可能用短导线；距离较远的两连接端尽量选用长导线直接连接，尽可能不用多根导线作过渡连接。

（5）自查完成后，须经指导教师复查后方可通电实验。接通电源前，先将电源的有关调节手柄或电位器调至零位，或置于实验要求的位置。合上电源开关后，缓慢调节电源的输出电压。注意观察各仪表的偏转是否正常，并随时注意有无异常现象出现，如异味、冒烟、发热或打火等现象，如有这些现象发生，应立即切断电源，查找原因并及时处理。实验过程中应培养单手操作的习惯，能用单手操作的尽量不用双手操作，以防双手触及线电压。不能用手触及未经绝缘的电源或电路中的裸露部分。需要改换接线时，应先将电源电压调回零位，并切断电源，待改换完线路并检查无误后，方可通电继续实验。

（6）实验时，应按实验指导书所提出的要求及步骤逐项进行实验和操作。改接线路时，必须断开电源。对实验中出现的现象和所得数据应做好记录，随时分析、研究实验结果的合理性，如果发现异常现象，应及时查找原因，如遇到事故发生，应立即切断电源，并报告指导老师。

（7）为了测取准确的数据，在选择测试点时应注意使其分布合理。如曲线的弯曲段应多取几个测试点；读数前要认清仪表量程值与标尺刻度值，合理选择量程。读数时要眼、针、影成一线；记录的数据应是依所选量程经换算后的值，应合理地读取有效数据（最末一位数为估计的存疑数）。每测试完一项任务，暂不要拆线，分析、判断一下数据是否正确，若有错误可重新进行测试。要求对测量的数据，测前有预见，测后有判断。实验数据应记录在预习时编制好的数据表格中，并注明被测量的名称和单位。经重测得到的数据，应记录在原数据的旁边或新数据表格中，不要涂改原始数据，以便比较和分析。

（8）实验内容全部完成后，原始记录经教师审查后方可拆除实验线路。拆线前应先切断电源，拆完线后将仪器设备复归原位，清理好导线，经教师验收后才可离去。

3. 实验后

认真书写实验报告。实验报告是对实验工作的全面总结，字体要端正，文字要简练，数据要齐全，图表要规范。实验报告除填写实验日期、姓名、班级、组别等项外，还应包括以下几个部分：

实验目的：填写实验目的和意义。

实验设备：填写实验中实际使用的设备名称、型号和数量。

实验原理：填写实验原理及绘制实验线路图。

实验内容：填写必要的实验步骤、实验方法，列表记录实验数据，写出必要的数据处理过程。

实验总结：对实验现象、数据进行分析处理，得出理论。实验中若有故障发生，应分析故障的原因，简述排除故障的方法。回答问题，总结本次实验的心得体会并提出有关建议。

第二节　测量的基本知识

一、测量的方法

在科学实验中，物理量的值是通过测量得到的。测量是一个比较的过程，它利用测量工具（量具或仪器）用一定的方法和技术（技能）通过比较获得物理量的大小和物理量间的关系规律。测量是进行科学实验的基础，在测量工作中，要熟练掌握一些基本的实验技能。一个物理量的测量可以通过不同的方法来实现，在测试方案确定之后，选择合理的测量方法就至关重要了。测量分直接测量、间接测量和组合测量。

1．直接测量

直接测量是指预先使用按已知标准定度的电工仪表或电子仪器对被测量直接进行的测量。如电压表测某元件两端的电压，电流表测某支路的电流。根据读取数据方式的不同，直接测量又分为直读式测量和比较式测量。

（1）直读式测量：是指直接从仪表、仪器刻度上读取测量结果。

（2）比较式测量：是指通过被测量与标准量进行比较后而获得测量结果，如常见的电桥测量。

2．间接测量

间接测量是指利用当前直接测试的量与被测量之间的已知函数关系或某种约定关系所进行的测量。如测量电阻元件消耗的功率，可用测量其端电压及流过的电流来计算得到。间接测量常用于缺少直接测量条件，或者直接测量不便和误差较大等情况。

3．组合测量

兼用直接测量和间接测量的方法就是组合测量。此外，根据被测量的性质，组合测量还可以选择时域测量和频域测量。

（1）时域测量：是指把被测量作为时间的函数进行的一种测量。

（2）频域测量：是指把被测量作为频率的函数进行的一种测量。

二、误差的分类及表示形式

1．误差

任何物理量在客观上总存在着一个确定的真实大小，称为客观真值。测量的目的就是要力图得到真值。由于测量仪器不可能尽善尽美，测量所需的条件也是无法绝对保证的，再加上测量技术等因素的局限，任何测量都不可能完全精确。因此，任何测量结果与真值之间总是存在着一个差值，即测量误差。

测量结果总是存在着一定的误差，误差自始至终存在于一切测量过程之中，称为误差公理。因此，重要的是理解测量误差的客观存在，即在确定实验方案、选择测量方法、选用实验仪器、考虑实验条件需要保证的程度时，还要考虑测量误差问题。

测量结果应包括数值、单位和误差，三者缺一不可。

2. 误差的分类

实验中的误差有多种分类方法，随研究的角度不同而异。根据误差的特征规律可分为系统误差、随机误差和粗大误差；从实验误差的来源可分为装置误差、环境误差、方法误差、人员误差；从对误差的掌握程度可分为已知的误差和未知的误差；从误差在合成中的计算方法可分为可用统计方法计算的误差与用其他方法计算的误差等。

1）系统误差

系统误差也称有规律误差，是指在一定条件下，误差的数值是恒定的，或者按照某种已知的函数规律变化的误差。这种误差在测量中因为具有一定的规律性，所以可以采取一定的技术措施设法防止或者削弱。如在正常条件下使用仪表、提高操作技巧、改进测量方法，或者引入校正值等，都可以减少或者消除系统误差。产生系统误差的原因主要有以下五种。

（1）仪表误差：也称工具误差或者基本误差，这是一种由于仪表结构和制作的不完善而产生的误差。如仪表零件安装不正确，刻度不够精确，仪表出厂之前没有校准等，均为仪表所固有的误差。

（2）使用误差：也称操作误差，是指在使用仪表的过程中，由于安装、调节、布置或者使用不当所产生的误差。比如将水平的仪表垂直放置；接线太长或者没有按照阻抗匹配连接；接地不当；未按照操作规程进行预热、校准及测量等，都会产生使用误差。减小这类误差的方法是严格按照技术规程操作，提高实验技巧以及对各种现象的分析能力。

（3）方法误差：是指由于测量方法不完善或者依据的理论不严密而导致的误差。比如间接测量时所用的公式是近似计算公式，就会给测量结果带来误差。

（4）影响误差：是指在测量中由于仪表受到外界的温度、湿度、气压、电磁场、机械震动、声音、光照及放射性等的影响所产生的误差。

（5）人身误差：是指由于人的感觉及运动器官不完善所产生的误差。对于借助人耳、人眼来判断结果的测量以及需要进行人工调节等的测量工作，均会产生人身误差。

2）随机误差

随机误差也称偶然误差，这种误差的数值与符号均不一定，出现的时间和变化规律也不清楚。随机误差是在重复测量的情况下发现的，表现为使用同样的测量方法和仪器、仪表设备进行多次测量时，所得的结果总有差别，但是多次测量结果综合起来，又具有一定的规律性。该误差服从统计规律，可以根据概率论由多次重复测量的数据来估计随机误差的影响。

随机误差的特征是：

（1）有界性：多次测量，随机误差的绝对值不超过一定的界限。

（2）单峰性：绝对值小的误差出现的机会比绝对值大的误差出现的机会多。

（3）对称性：绝对值相等的正负误差出现的机会均等。

（4）抵偿性：随机误差就单次测量个体来说是无规律的，但是整体上服从统计规律，其算术平均值随着测量次数的无限增多而趋于零。

在有随机误差因素的条件下，要使得测量结果有更高的可靠性，可以在相同的条件下进行重复多次的测量，最后取多次测量的算术平均值作为测量结果。该值是测出的量中概率最大的一个数值，是最可信的数值，更接近于实际值。

3）粗大误差

粗大误差也称疏失误差、粗差或者巨差，是指在一定条件下，测量结果明显偏离其实际值所对应的误差。比如测量方法不当，测量时电源突然跳动、仪器中某元件打火，测量人员错读了仪表指示数据，测量前未对仪表进行校准、调零及记录的错误等所产生的误差。粗大误差明显地、严重地歪曲了测量结果。

3. 误差的表示形式

1）绝对误差

以误差的绝对数值来表示测得的误差，称为绝对误差。绝对误差可以表示同一个测量结果的可靠程度。设测量值为 N，真值为 N_0，则绝对误差表示为

$$\Delta N = N - N_0 \tag{1-1}$$

它与真值同单位，反映测量值偏离真值的大小。

真值很难准确测定，可以把理论真值（国际计量大会决议约定的值、高一级标准器的量值）作为近似真值。在真值无法知道的情况下，一般采用测量的平均值代替真值（重复测量10 次以上，重复测量次数很多，则以平均值表示测量结果），以测量值与测量平均值之差（$N - \overline{N}$），即偏差（残差）来估算绝对误差。

2）相对误差

用绝对误差无法比较两次不同测量结果的准确性，例如用电流表测量 100 mA 的电流时，绝对误差为 +1 mA，又如测量 10 mA 电流时，绝对误差为 +0.25 mA，虽然绝对误差是前者大于后者，但并不能说明后者的测量比前者准确，要使两次测量能够进行比较，必须采用相对误差，即

$$E = \frac{\Delta N}{N_0} \times 100\% \tag{1-2}$$

三、偶然误差的处理

1. 单次直接测量结果与误差估算

若对某一量的测量精确度要求不高，只需进行一次测量时，可按仪器出厂检定书或仪器上注明的仪器误差作为单次直接测量的误差。如果没有注明，也可取仪器最小刻度值的一半作为单次直接测量的绝对误差（一般根据实际情况，对测量值的误差进行合理的估算，取仪器最小刻度的 1/10、1/5 或 1/2 均可），取仪器最小刻度的 $1/\sqrt{3}$ 作为测量结果的标准偏差。

2. 多次直接测量结果与误差计算

1）以算术平均值代表测量结果

在相同条件下对某物理量 N 进行了 n 次重复测量，其测量值分别为 N_1、N_2、$\cdots$、N_n，用 $\overline{N}$ 表示算术平均值，则

$$\overline{N} = \frac{1}{n}(N_1 + N_2 + \cdots + N_n) = \frac{1}{n}\sum_{i=1}^{n} N_i \tag{1-3}$$

根据误差理论，在一组 n 次测量的数据中，算术平均值 N 最接近于真值，称为"测量的

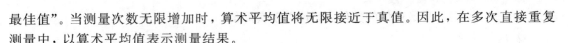

最佳值"。当测量次数无限增加时，算术平均值将无限接近于真值。因此，在多次直接重复测量中，以算术平均值表示测量结果。

2）多次直接测量结果的误差计算

（1）算术平均绝对误差。

设各次测量值 N_i 与平均值 $\overline{N}$ 的绝对之差为 $\Delta N_1 = N_1 - \overline{N}$，$\Delta N_2 = N_2 - \overline{N}$，$\cdots$，$\Delta N_n = N_n - \overline{N}$，则算术平均绝对误差为

$$|\overline{\Delta N}| = \frac{1}{n}(|\Delta N_1| + |\Delta N_2| + \cdots |\Delta N_n|) = \frac{1}{n}\sum_{i=1}^{n}|\Delta N_i| \qquad (1-4)$$

有时候，测量虽然进行了多次，但读数基本不变，这时不能只记录一个数值，或把误差表示为"0"，而应该把每次数据都记录下来。当算术平均绝对误差小于仪器误差（仪器刻度或精密度的一半）时，应取仪器误差（仪器最小刻度或精密度的一半）作为测量结果的绝对误差。

（2）标准偏差。

为了较科学地估算误差，科研和计量部门多用标准偏差来估算测量结果的误差。有限次（n 次）测量中的某一次测量结果的标准偏差为

$$S(N_i) = \sqrt{\frac{\sum_{i=1}^{n}(N_i - \overline{N})^2}{n-1}} \qquad (1-5)$$

而 n 次测量结果的平均值 N 的标准偏差为

$$S(\overline{N}) = \sqrt{\frac{\sum_{i=1}^{n}(N_i - \overline{N})^2}{n(n-1)}} \qquad (1-6)$$

3. 测量结果的表示

对于初学者或误差分析要求比较粗略的实验，可采用算术平均绝对误差估算随机误差，这时测量结果表示为

$$N = \overline{N} \pm |\overline{\Delta N}|, \quad E = \frac{|\overline{\Delta N}|}{\overline{N}} \times 100\% \qquad (1-7)$$

比较严密和确切的误差估算可采用标准误差，但因标准误差是在测量次数 n 为无限大时定义的，实际上无法计算。而从理论分析可知，当测量次数 $n \to \infty$ 时，标准偏差的计算值也就趋近于按标准误差定义时的计算值了。所以，在实际的实验中，只要测量的次数足够多，就可用标准偏差来代替标准误差而对随机误差作出相当好的估计，通常说计算标准误差，指的也是这个意思。因此，测量结果应表示成

$$N = \overline{N} \pm S(N_i), \quad E = \frac{S(N_i)}{\overline{N}} \times 100\% \qquad (1-8)$$

或

$$N = \overline{N} \pm S(\overline{N}), \quad E = \frac{S(\overline{N})}{\overline{N}} \times 100\% \qquad (1-9)$$

四、有效数字及其运算规则

实验的数据记录、数据运算以及实验结果的表达，都应遵从有效数字的规则。

1. 有效数字的概念

任何一个测量结果总存在误差，数值计算也有一定的近似性，因此实验数据记录、数据运算以及实验结果的表达，其位数的多少应由测量值本身的误差来决定。在测量和数字计算中，确定该用几位数字来代替测量或计算的结果是一件很重要的事情。如果认为在一个数值中小数点后面的数字愈多，准确度愈高，这种想法是错误的。因为小数点的位置并不是决定准确度的标准，小数点的位置仅与所用单位的大小有关。如：电压为 26.4 V 与 0.026 kV，准确度完全相同。

若测量结果从某位数起开始有误差，则自第一位非零数字算起，直到包含开始有误差的位为止的各数字均称为有效数字，有误差的一位称为可疑数字。从仪器上读取测量数据时，最后一位应该是开始有误差的可疑数字。

第一位非零数字左边的"0"不是有效数字，数字中间的"0"和末位的"0"都是有效数字，例如 0.04010 是四位有效数字。

按照有效数字的定义，可以得出实验数据记录和数据处理的几项原则：

（1）实验记录的原始数据的最后一位应该是估读的。

（2）测量误差只产生于测量结果的最后一位。

（3）测量结果的最后一位应与误差位取齐，多余的尾数应按数字修约规则舍弃。

2. 有效数字的运算规则

1）加减法

运算结果的有效数字的最后一位与参与加减运算时各量中误差最大的有效数字的末位对齐，多余尾数按截尾规则舍去。

例如，$20.\underline{1} + 4.17\underline{8} = 24.\underline{3}$，加下划线的数字为可疑数字。

2）乘除法

运算结果的有效数字的位数以参与乘除运算各量中有效数字位数最少的为准，多余尾数按截尾规则舍去。

例如，$3.21\underline{9} \times 1.0\underline{4} = 3.3\underline{5}$

$5768.\underline{9} \div 28\underline{2} = 20.\underline{5}$

3）乘方和开方

运算结果的有效数字的位数与其底数（被开方数）的有效数字的位数相同。

4）函数运算

三角函数的有效数字的位数与相应角度（以弧度为单位）的有效数字的位数相同。如分光计读角度读到 $1'$，因为 $1' = 0.0003$ rad，所以 $\sin 30°00' = 0.5000$ 应有四位有效数字。

自然对数的有效数字位数与真数的有效数字位数相同；而常用对数其尾数的有效数字位数与真数的有效数字位数相同，如 $\lg 1983 = 3.2973$，$\ln 1983 = 7.592$。

指数函数运算后的有效数字位数与指数小数后的位数相同。如 $10^{0.32} = 2.1$，如指数为整数，取一位有效数字。

5）四则混合运算

进行四则混合运算时，应注意下面两点：

（1）参与计算的常数（如 e、π 等）和公式中自然数的取位，一般与参与运算的各数值中

有效数字位数最多的相同。

（2）在混合运算中，有的因子可能包含加减运算，经过加减运算后有效数字的位数可能增减，这时不能以原始数据为准来确定结果的有效数字位数，而应该从整个算式中各个因子的有效数字的位数来考虑，例如（加下划线的数字为可疑数字）：

$$22\underline{5} \times (11.3\underline{7} - 10.5\underline{2}) \div 11.8\underline{7}$$
$$= 22\underline{5} \times 0.8\underline{5} \div 11.8\underline{7}$$
$$= 1\underline{6}$$

3. 测量结果的有效数字

有效数字的定义明确地说明，由误差决定有效数字，这是处理一切关于有效数字问题的依据。测量结果的有效数字的位数，也应由误差来确定，即测量结果的末位要与误差的末位对齐。如某测量值为 0.1785，其误差为 ±0.003，则测量结果写成 0.178±0.003。由于标准偏差是对标准误差的估计，所以误差通常只取一位有效数字。为了不人为地缩小误差范围，对误差截尾时，一般都采用进位的方法。相对偏差一般保留两位有效数字。

五、实验数据处理方法

对实验中所测得的大量数据进行整理分析和归纳计算，得到实验结论的过程称为数据处理。下面介绍两种最常用的数据处理的方法。

1. 列表法

列表法是将实验中测得的数据按一定的形式和顺序列成表格。列表法具有结构紧凑、简单明了、便于分析和比较，有助于找出物理量之间的相互关系和变化规律的优点。列表要求如下：

（1）表格的设计要便于记录、计算和检查。列入表格中的数据是主要的原始数据，计算过程的一些中间值及处理结果也可列入表中。个别的或与其他量关系不大的数据不要列入表中，写在表格顶端。

（2）要标明符号所代表被测量的意义和单位，单位和量值的数量级写在标题栏中，不要重复记在各个数值上。

（3）表中数据正确反映测量结果的有效数字。

2. 作图法

作图法是在一坐标平面内，用图线表示两个物理量之间的变化规律。作图法的优点是，当两个被测量之间的关系不能用函数式表示时，就可用作图法表示出来，并且直观形象。

实验作图不是示意图，它不仅要表达出实验中得到的被测量之间的关系，而且要反映出测量的精确度，因而必须按一定的要求作图，具体要求如下：

（1）作图一定要用坐标纸。根据有关数据的变化情况选用适当的坐标系。

（2）选定坐标轴。以横轴表示自变量，在轴的末端标以代表正方向的箭头，并在其近旁注明所代表的物理量及其单位。

（3）确定坐标分度。在坐标轴上每隔一定间距（如 5 格或 10 格）标明所代表的被测量值。分度的大小一般应使坐标纸上的最小格对应于数据有效数字最后一位的可靠数，坐标轴分度的起点不一定取零值，以充分利用图纸。

（4）描点。把实验数据用"＋"、"×"或"⊙"在图上标出，使数据对应的点准确落在所用符号的中心上。

（5）连线。纵观所有数据的变化趋势，根据不同情况，用直尺或曲线板把数据点连成直线或光滑曲线。通常，曲线不会通过所有点，但要求画出光滑曲线时，曲线两旁的偏差点应有较均匀的分布。对于个别偏离较大的点应加以分析并决定取舍。仪器核准曲线应通过校准点连成折线。

（6）写图名和图注。在图纸的上方或下方写出简洁、完整的图名，在图的适当空白处注明实验条件等，书写要工整。

第二章 电工技术实验

实验1 电路元件伏安特性的测绘

一、实验目的

(1) 学会识别常用电路元件的方法。

(2) 掌握线性电阻、非线性电阻元件伏安特性的测绘。

(3) 掌握实验台上直流电工仪表和设备的使用方法。

二、实验原理

任何一个二端元件的特性可用该元件上的端电压 U 与通过该元件的电流 I 之间的函数关系 $I=f(U)$ 来表示，即用 I-U 平面上的一条曲线来表征，这条曲线称为该元件的伏安特性曲线。

(1) 线性电阻器的伏安特性曲线是一条通过坐标原点的直线，如图 1-1 中的 a 直线所示，该直线的斜率等于该电阻器的电阻值。

(2) 一般的白炽灯在工作时灯丝处于高温状态，其灯丝电阻随着温度的升高而增大。通过白炽灯的电流越大，其温度越高，阻值也越大，一般白炽灯的"冷电阻"与"热电阻"的阻值可相差几倍至十几倍，所以它的伏安特性如图 1-1 中的 b 曲线所示。

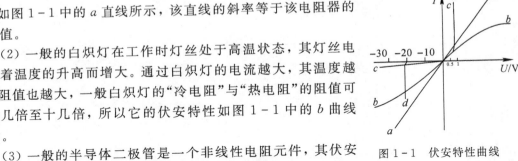

图 1-1 伏安特性曲线

(3) 一般的半导体二极管是一个非线性电阻元件，其伏安特性如图 1-1 中的 c 曲线所示。二极管正向压降很小(一般的锗管约为 0.2～0.3 V，硅管约为 0.5～0.7 V)，正向电流随正向压降的升高而急骤上升，而反向电压从零一直增加到十几伏至几十伏时，其反向电流增加很小，粗略到可视为零。可见，二极管具有单向导电性，但反向电压加得过高超过管子的极限值，则会导致管子击穿损坏。

(4) 稳压二极管是一种特殊的半导体二极管，其正向特性与普通二极管类似，但其反向特性较特别，如图 1-1 中的 d 曲线所示。在反向电压开始增加时，其反向电流几乎为零，但当电压增加到某一数值时(称为管子的稳压值，有各种不同稳压值的稳压管)电流将突然增加，以后它的端电压将基本维持恒定，当外加的反向电压继续升高时其端电压仅有少量增加。

注意：流过二极管或稳压二极管的电流不能超过管子的极限值，否则管子会被烧坏。

三、实验设备

（1）可调直流稳压电源、万用表。

（2）二极管 1N4007。

（3）稳压管 2CW51。

（4）线性电阻器 200 Ω，1 kΩ/8 W 各一个。

四、实验内容

1. 测定线性电阻器的伏安特性

按图 1-2 接线，调节稳压电源的输出电压 U，从 0 V 开始缓慢地增加，一直到 10 V，记下相应的电压表和电流表的读数 U_R、I，填入表 1-1 中。

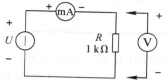

图 1-2　伏安特性测试电路（$R=1$ kΩ）

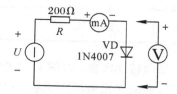

图 1-3　伏安特性测试电路（$R=200$ Ω）

表 1-1

U_R/V	0	2	4	6	8	10
I/mA						

2. 测定非线性白炽灯的伏安特性

将图 1-2 中的 R 换成一只 12 V，0.1 A 的白炽灯，重复实验内容 1，将数据填入表 1-2 中。U_L 为白炽灯的端电压。

表 1-2

U_L/V	0.1	0.5	1	2	3	4	5
I/mA							

3. 测定半导体二极管的伏安特性

按图 1-3 接线，R 为限流电阻器。测二极管的正向特性时，其正向电流不得超过 35 mA，二极管 VD 的正向施压 $U_{VD}+$ 可在 0～0.75V 之间取值，在 0.5～0.75V 之间应多取几个测量点。测反向特性时，只需将图 1-3 中的二极管 VD 反接，且其反向施压 U_{VD-} 可达 30V。

表 1-3　正向特性实验数据

U_{VD+}/V	0.10	0.30	0.50	0.55	0.60	0.65	0.70	0.75
I/mA								

表 1 - 4　反向特性实验数据

$U_{\rm VD-}/{\rm V}$	0	—5	—10	—15	—20	—25	—30
$I/{\rm mA}$							

4. 测定稳压二极管的伏安特性

(1) 正向特性实验：将图 1-3 中的二极管换成稳压二极管 2CW51，重复实验内容 3 中的正向测量，相应数据填入表 1-5 中。$U_{\rm Z+}$ 为 2CW51 的正向施压。

表 1 - 5

$U_{\rm Z+}/{\rm V}$	
$I/{\rm mA}$	

(2) 反向特性实验：将图 1-3 中的 R 换成 1 kΩ，2CW51 反接，测量 2CW51 的反向特性。稳压电源的输出电压 $U_\circ$ 为 0～20 V，测量 2CW51 两端的电压 $U_{\rm Z-}$ 及电流 I，填入表 1-6 中，由 $U_{\rm Z-}$ 可看出其稳压特性。

表 1 - 6

$U_\circ/{\rm V}$	
$U_{\rm Z-}/{\rm V}$	
$I/{\rm mA}$	

五、实验注意事项

(1) 测二极管正向特性时，稳压电源输出应由小至大逐渐增加，应时刻注意电流表读数，不得超过 35 mA。

(2) 如果要测定 2AP9 的伏安特性，则正向特性的电压值应取 0，0.10，0.13，0.15，0.17，0.19，0.21，0.24，0.30(V)，反向特性的电压值取 0，2，4，…，10(V)。

(3) 进行不同的实验时，应先估算电压和电流值，合理选择仪表的量程，勿使仪表超量程，仪表的极性亦不可接错。

六、实验报告

(1) 根据各实验数据，分别在方格纸上绘制出光滑的伏安特性曲线。(其中二极管和稳压管的正、反向特性均要求画在同一张图中，正、反向电压可取不同的比例尺。)

(2) 根据实验结果，总结、归纳被测各元件的特性。

(3) 必要的误差分析。

(4) 心得体会及其他。

实验 2　电位、电压的测定及电路电位图的绘制

一、实验目的

（1）验证电路中电位的相对性和电压的绝对性。

（2）掌握电路电位图的绘制方法。

二、实验原理

在一个闭合电路中，各点电位的高低视所选的电位参考点的不同而变，但任意两点间的电位差（即电压）是绝对的，它不因参考点的变动而改变。

电位图是一种在平面坐标一、四两象限内的折线图，其纵坐标为电位值，横坐标为各被测点。要制作某一电路的电位图，先将电路中各被测点以一定的顺序编号。以图 2-1 的电路为例，如图中的点 A～F，并在坐标横轴上按顺序、均匀间隔标上 A、B、C、D、E、F、A。再根据测得的各点的电位值，在各点所在的垂直线上描点。用直线依次连接相邻两个电位点，即得该电路的电位图。

在电位图中，任意两个被测点的纵坐标值之差即为该两点之间的电压值。

在电路中，电位参考点可任意选定。对于不同的参考点，所绘出的电位图形是不同的，但其各点电位变化的规律却是一样的。

三、实验设备

（1）可调直流稳压电源，0～30 V。

（2）直流数字电压表，0～200 V。

（3）电位、电压测定实验电路板。

四、实验内容

利用 DGJ-03 实验挂箱上的"基尔霍夫定律/叠加原理"线路，按图 2-1 接线。

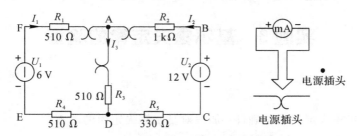

图 2-1　基尔霍夫定律 1 叠加原理线路

（1）分别将两路直流稳压电源接入电路，令 $U_1 = 6V$，$U_2 = 12V$。（先调准输出电压值，再接入实验线路中）

（2）以图 2-1 中的 A 点作为电位的参考点，分别测量 B、C、D、E、F 各点的电位值 ϕ 及相邻两点之间的电压值 U_{AB}、U_{BC}、U_{CD}、U_{DE}、U_{EF} 及 U_{FA}，将数据列于表 2-1 中。

（3）以 D 点作为参考点，重复实验内容 2 的测量，测得数据列于表 2-1 中。

表 2-1

电位参考点	ϕ 与 U	ϕ_A	ϕ_B	ϕ_C	ϕ_D	ϕ_E	ϕ_F	U_{AB}	U_{BC}	U_{CD}	U_{DE}	U_{EF}	U_{FA}
A	计算值												
	测量值												
	相对误差												
D	计算值												
	测量值												
	相对误差												

五、实验注意事项

（1）本实验线路板系多个实验通用，本次实验中不使用电流插头。DG05 上的 K_3 应拨向 330 Ω 侧，三个故障按键均不得按下。

（2）测量电位时，用指针式万用表的直流电压挡或用数字直流电压表测量时，用负表棒（黑色）接参考电位点，用正表棒（红色）接被测各点。若指针正向偏转或数显表显示正值，则表明该点电位为正（即高于参考点电位）；若指针反向偏转或数显表显示负值，此时应调换万用表的表棒，然后读出数值，此时在电位值之前应加一负号（表明该点电位低于参考点电位）。数显表也可不调换表棒，直接读出负值。

六、实验报告

（1）根据实验数据，绘制两个电位图形，并对照观察各对应两点间的电压情况。两个电位图的参考点不同，但各点的相对顺序应一致，以便对照。

（2）完成数据表格中的计算，对误差作必要的分析。

（3）总结电位相对性和电压绝对性的结论。

（4）心得体会及其他。

实验 3　基尔霍夫定律的验证

一、实验目的

（1）验证基尔霍夫定律的正确性，加深对基尔霍夫定律的理解。

（2）学会用电流插头、插座测量各支路电流。

二、实验原理

1. 基尔霍夫电流定律（KCL）

在任一时刻，流出（或流入）集中参数电路中任一可以分割开的独立部分的端子电流的

代数和恒等于零，即

$$\sum I = 0 \qquad 或 \qquad \sum I_入 = \sum I_出 \tag{3-1}$$

此时，若取流出节点的电流为正，则流入节点的电流为负。它反映了电流的连续性，说明了节点上各支路电流的约束关系，与电路中元件的性质无关。

要验证基尔霍夫电流定律，可选一电路节点，按图中的参考方向测定出各支路电流值，并约定流入或流出该节点的电流为正，将测得的各电流代入式（3-1）加以验证。

2. 基尔霍夫电压定律（KVL）

按约定的参考方向，在任一时刻，集中参数电路中任一回路上全部元件两端的电压代数和恒等于零，即

$$\sum U = 0 \tag{3-2}$$

它说明了电路中各段电压的约束关系，与电路中元件的性质无关。式（3-2）中，通常规定凡支路或元件电压的参考方向与回路绕行方向一致者取正号，反之取负号。

3. 电压、电流的实际方向与参考方向的对应关系

参考方向是为了分析、计算电路而人为设定的，实验中测量的电压、电流的实际方向由电压表、电流表的"正"端标明。在测量电压、电流时，若电压表、电流表的"正"端与参考方向的"正"方向一致，则该测量值为正值，否则为负值。

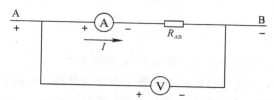

图 3-1 电压、电流的实际方向和参考方向

三、实验设备

（1）可调直流稳压电源，0～30 V。

（2）直流数字电压表，0～200 V。

（3）电位、电压测定实验电路板。

（4）万用表。

四、实验内容

利用 DGJ-03 实验挂箱上的"基尔霍夫定律/叠加原理"线路，按图 2-1 接线。

（1）实验前先任意设定三条支路和三个闭合回路的电流正方向。图 3-2 中的 I_1、I_2、I_3 的方向已设定。三个闭合回路的电流正方向可设为 ADEFA、BADCB 和 FBCEF。

（2）分别将两路直流稳压源接入电路，令 $U_1 = 6$ V，$U_2 = 12$ V。

（3）熟悉电流插头的结构，将电流插头的两端接至数字毫安表的"＋"、"－"两端。

（4）将电流插头分别插入三条支路的三个电流插座中，读出并在表 3-1 中记录电流值。

（5）用直流数字电压表分别测量两路电源及电阻上的电压值，记录于表 3－1 中。

表 3－1

被测量	I_1/mA	I_2/mA	I_3/mA	U_1/V	U_2/V	U_{FA}/V	U_{AB}/V	U_{AD}/V	U_{CD}/V	U_{DE}/V
计算值										
测量值										
相对误差										

五、实验注意事项

（1）同实验 2 的实验注意事项（1），但需用到电流插头。

（2）所有需要测量的电压值，均以电压表测量的读数为准。U_1、U_2 也需测量，不应取电源本身的显示值。

（3）防止稳压电源两个输出端碰线短路。

（4）用指针式电压表或电流表测量电压或电流时，如果仪表指针反偏，则必须调换仪表极性重新测量；此时指针正偏，可读得电压或电流值。若用数显电压表或电流表测量，则可直接读出电压或电流值。但应注意：所读得的电压或电流值正确的正、负号应根据设定的电流参考方向来判断。

六、实验报告

（1）根据实验数据，选定节点 A，验证 KCL 的正确性。

（2）根据实验数据，选定实验电路中的任一个闭合回路，验证 KVL 的正确性。

（3）将支路和闭合回路的电流方向重新设定，重复实验内容（1）、（2）两项验证。

（4）分析误差原因。

（5）心得体会及其他。

实验 4　叠加原理的验证

一、实验目的

（1）验证线性电路叠加原理的正确性。

（2）加深对线性电路叠加性和齐次性的认识和理解。

二、实验原理

在线性电路中，任一支路中的电流（或电压）等于电路中各个独立源分别单独作用时在该支路产生的电流（或电压）的代数和。所谓一个电源单独作用，是指除了该电源外其他所有电源的作用都去掉，即理想电压源所在处用短路代替，理想电流源所在处用开路代替，但保留它们的内阻，且电路结构不作改变。由于功率是电压或电流的二次函数，因此叠加定理不能用来直接计算功率。

电路原理图及电流的参考方向如图 4-1 所示。分别测量 E_1、E_2 共同作用下的电流 I_1、I_2、I_3；E_1 单独作用下的电流 I_1'、I_2'、I_3' 和 E_2 单独作用下的电流 I_1''、I_2''、I_3''。根据叠加原理应有：$I_1 = I_1' + I_1''$，$I_2 = I_2' + I_2''$，$I_3 = I_3' + I_3''$ 成立。

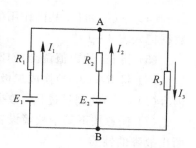

图 4-1　验证叠加原理电路图

三、实验设备

(1) 可调直流稳压电源，0～30 V。

(2) 直流数字电压表，0～200 V。

(3) 直流数字毫安表，0～200 mV。

(4) 万用表。

(5) 电位、电压测定实验电路板。

四、实验内容

实验线路如图 4-2 所示，使用的是 DGJ-03 挂箱的"基尔夫定律/叠加原理"线路。

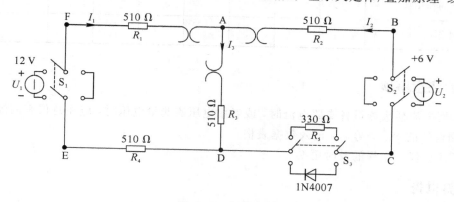

图 4-2　实验线路

(1) 将两路稳压源的输出分别调节为 12 V 和 6 V，接入 U_1 和 U_2 处。

(2) 令 U_1 电源单独作用(将开关 S_1 投向 U_1 侧，开关 S_2 投向短路侧)。用直流数字电压表和毫安表(接电流插头)测量各支路电流及各电阻元件两端的电压，数据记入表 4-1 中。

表 4-1

测量项目 实验内容	U_1/V	U_2/V	I_1/mA	I_2/mA	I_3/mA	U_{AB}/V	U_{CD}/V	U_{AD}/V	U_{DE}/V	U_{FA}/V
U_1 单独作用										
U_2 单独作用										
U_1、U_2 共同作用										
$2U_2$ 单独作用										

(3) 令 U_2 电源单独作用(将开关 S_1 投向短路侧，开关 S_2 投向 U_2 侧)，重复实验内容(2)的测量和记录，数据记入表 4-1 中。

（4）令 U_1 和 U_2 共同作用（开关 S_1 和 S_2 分别投向 U_1 和 U_2 侧），重复上述测量和记录，数据记入表 4-1 中。

（5）将 U_2 的数值调至 +12 V，重复上述第（3）项的测量并记录，数据记入表 4-1 中。

（6）将 R_5（330Ω）换成二极管 1N4007（即将开关 S_3 投向二极管 1N4007 侧），重复实验内容（1）~（5）的测量过程，数据记入表 4-2 中。

（7）任意按下某个故障设置按键，重复实验内容（4）的测量和记录，再根据测量结果判断出故障的性质。

表 4-2

测量项目 实验内容	U_1/V	U_2/V	I_1/mA	I_2/mA	I_3/mA	U_{AB}/V	U_{CD}/V	U_{AD}/V	U_{DE}/V	U_{FA}/V
U_1 单独作用										
U_2 单独作用										
U_1、U_2 共同作用										
$2U_2$ 单独作用										

五、实验注意事项

（1）用电流插头测量各支路电流时，或者用电压表测量电压时，应注意仪表的极性，正确判断测得值的 +、- 号后，记入数据表格。

（2）注意仪表量程的及时更换。

六、实验报告

（1）根据实验数据表格进行分析、比较，归纳、总结实验结论，即验证线性电路的叠加性与齐次性。

（2）各电阻器所消耗的功率能否用叠加原理计算得出？试用上述实验数据进行计算并作结论。

（3）通过实验内容（4）并分析表 4-2 中的数据，你能得出什么样的结论？

（4）心得体会及其他。

实验 5　戴维南定理和诺顿定理的验证
——有源二端网络等效参数的测定

一、实验目的

（1）验证戴维南定理和诺顿定理的正确性，加深对该定理的理解。

（2）掌握测量有源二端网络等效参数的一般方法。

二、实验原理

1. 线性有源网络

任何一个线性含源网络，如果仅研究其中一条支路的电压和电流，则可将电路的其余部分看做一个有源二端网络（或称为含源一端口网络）。

戴维南定理指出：任何一个线性有源网络，总可以用一个电压源与一个电阻的串联来等效代替，此电压源的电动势 U_s 等于这个有源二端网络的开路电压 U_{oc}，其等效内阻 R_0 等于该网络中所有独立源均置零（理想电压源视为短接，理想电流源视为开路）时的等效电阻。

诺顿定理指出：任何一个线性有源网络，总可以用一个电流源与一个电阻的并联组合来等效代替，此电流源的电流 I_s 等于这个有源二端网络的短路电流 I_{sc}，其等效内阻 R_0 的定义同戴维南定理。

$U_{oc}(U_s)$ 和 R_0 或者 $I_{sc}(I_s)$ 和 R_0 称为有源二端网络的等效参数。

2. 有源二端网络等效参数的测量方法

（1）开路电压、短路电流法测 R_0。在有源二端网络输出端开路时，用电压表直接测其输出端的开路电压 U_{oc}，然后再将其输出端短路，用电流表测其短路电流 I_{sc}，则等效内阻为

$$R_0 = \frac{U_{oc}}{U_{sc}}$$

如果二端网络的内阻很小，若将其输出端口短路则易损坏其内部元件，因此不宜用此法。

（2）伏安法测 R_0。用电压表、电流表测出有源二端网络的外特性曲线，如图 5-1 所示。根据外特性曲线求出斜率 $\tan\varphi$，则等效内阻为

$$R_0 = \tan\varphi = \frac{\Delta U}{\Delta I} = \frac{U_{oc}}{I_{sc}}$$

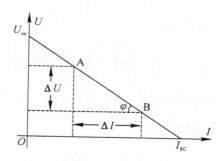

图 5-1　外特性曲线

也可以先测量开路电压 U_{oc}，再测量电流为额定值 I_N 时的输出端电压值 U_N，则内阻为

$$R_0 = \frac{U_{oc} - U_N}{I_N}$$

（3）半电压法测 R_0。如图 5-2 所示，当负载电压为被测网络开路电压的一半时，负载电阻（由电阻箱的读数确定）即为被测有源二端网络的等效内阻值。

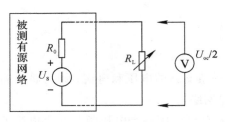

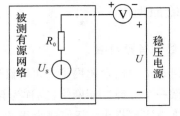

图 5-2　半电压法电路　　　　　　　图 5-3　零示法电路

（4）零示法测 U_{oc}。在测量具有高内阻有源二端网络的开路电压时，用电压表直接测量会造成较大的误差。为了消除电压表内阻的影响，往往采用零示测量法，如图 5-3 所示。

零示法测量原理是：用一低内阻的稳压电源与被测有源二端网络进行比较，当稳压电源的输出电压与有源二端网络的开路电压相等时，电压表的读数将为"0"。然后将电路断开，测量此时稳压电源的输出电压，即为被测有源二端网络的开路电压。

三、实验设备

（1）可调直流稳压电源，0～30 V。

（2）可调直流恒流源，0～500 mA。

（3）直流数字电压表，0～200 V。

（4）直流数字毫安表，0～200 mV。

（5）万用表。

（6）可调电阻箱，0～99 999.9Ω。

（7）电位器，1 kΩ/2W。

（8）戴维南定理实验电路板。

四、实验内容

被测有源二端网络如图 5-4(a)所示。

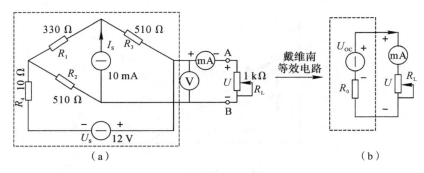

图 5-4　被测有源二端网络

（1）用开路电压、短路电流法测定戴维南等效电路的 U_{oc}、R_0 和诺顿等效电路的 I_{sc}、R_0。按图 5-4(a)接入稳压电源 $U_s=12$ V 和恒流源 $I_s=10$ mA，不接入 R_L。测出 U_{oc} 和 I_{sc}，并计算出 R_0，记入表 5-1 中(测 U_{oc} 时，不接入 mA 表。)

表 5 - 1

U_{oc}/V	I_{sc}/mA	$R_0 = U_{oc}/I_{sc}/\Omega$

（2）负载实验。按图 5 - 4(a)接入 R_L。改变 R_L 阻值，测量相应的端电压 U 和电流 I 并记入表 5 - 2 中，并根据数据绘制伏安特性曲线。

表 5 - 2

R_L/Ω								
U/V								
I/mA								

（3）验证戴维南定理：从电阻箱上取得按实验内容(1)所得的等效电阻 R_0 之值，然后令其与直流稳压电源(调到实验内容(1)时所测得的开路电压 U_{oc} 之值)相串联，如图 5 - 4 (b)所示，仿照实验内容(2)测其外特性，将数据记入表 5 - 3 中并根据数据绘制伏安特性曲线。

表 5 - 3

R_L/Ω								
U/V								
I/mA								

（4）验证诺顿定理：从电阻箱上取得按实验内容(1)所得的等效电阻 R_0 之值，然后令其与直流恒流源(调到实验内容(1)时所测得的短路电流 I_{sc} 之值)相并联，如图 5 - 5 所示，仿照实验内容(2)测其外特性，将数据记入表 5 - 4 中并根据数据绘制伏安特性曲线。

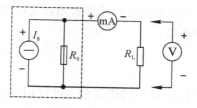

图 5 - 5

表 5 - 4

R_L/Ω								
U/V								
I/mA								

（5）有源二端网络等效电阻（又称入端电阻）的直接测量法，见图 5 - 4(a)。将被测有源网络内的所有独立源置零（去掉电流源 I_s 和电压源 U_s，并将原电压源所接的两点用一根短路导线相连），然后用伏安法或者直接用万用表的欧姆挡去测定负载 R_L 开路时 A、B 两点

间的电阻，此即为被测网络的等效内阻 R_0，或称网络的入端电阻 R_i。

（6）用半电压法和零示法测量被测网络的等效内阻 R_0 及其开路电压 U_{oc}，线路及数据表格自拟。

五、实验注意事项

（1）测量时应注意电流表量程的更换。

（2）实验内容（5）中，电压源置零时不可将稳压源短接。

（3）用万表直接测 R_0 时，网络内的独立源必须先置零，以免损坏万用表。其次，欧姆挡必须经调零后再进行测量。

（4）用零示法测量 U_{oc} 时，应先将稳压电源的输出调至接近于 U_{oc}，再按图 5-3 测量。

（5）改接线路时，要关掉电源。

六、实验报告

（1）根据实验内容（2）、（3）、（4）分别绘出曲线，验证戴维南定理和诺顿定理的正确性，并分析产生误差的原因。

（2）根据实验内容（1）、（5）、（6）的几种方法测得的 U_{oc} 和 R_0 与预习时电路计算的结果作比较，你能得出什么结论。

（3）归纳、总结实验结果。

（4）心得体会及其他。

实验 6　用三表法测量电路等效参数

一、实验目的

（1）学会用交流电压表、交流电流表和功率表测量元件的交流等效参数的方法。

（2）学会功率表的接法和使用。

二、实验原理

（1）正弦交流信号激励下的元件值或阻抗值，可以用交流电压表、交流电流表及功率表分别测量出元件两端的电压 U、流过该元件的电流 I 和它所消耗的功率 P，然后通过计算得到所求的各值，这种方法称为三表法，是用来测量 50 Hz 交流电路参数的基本方法。

计算的基本公式为

阻抗的模 $|Z| = \dfrac{U}{I}$，电路的功率因数 $\cos\varphi = \dfrac{P}{UI}$，等效电阻 $R = \dfrac{P}{I^2} = |Z|\cos\varphi$，等效电抗 $X = |Z|\sin\varphi$ 或 $X = X_L = 2\pi fL$，$X = X_C = \dfrac{1}{2\pi fC}$。

（2）阻抗性质的判别方法：可通过在被测元件两端并联电容或将被测元件与电容串联的方法来判别，其原理如下所述：

① 在被测元件两端并联一只适当容量的实验电容，若串接在电路中，电流表的读数增

大，则被测阻抗为容性，电流减小则被测阻抗为感性。

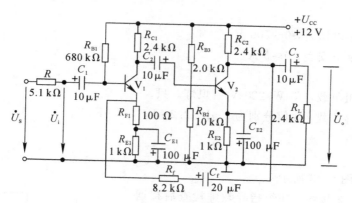

图 6-1　并联电容测量法

图 6-1(a)中，Z 为待测定的元件，C' 为实验电容器。图(b)是图(a)的等效电路，图中 G、B 为待测阻抗 Z 的电导和电纳，B' 为并联电容 C' 的电纳。在端电压有效值不变的条件下，按下面两种情况进行分析：

•　设 $B+B'=B''$，若 B' 增大，B'' 也增大，则电路中电流 I 将单调上升，故可判断 B 为容性元件。

•　设 $B+B'=B''$，若 B' 增大，而 B'' 先减小然后再增大，电流 I 也是先减小后上升，如图 6-2 所示，则可判断 B 为感性元件。

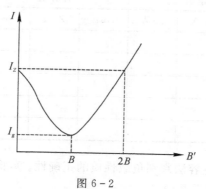

图 6-2

由以上分析可见，当 B 为容性元件时，对并联电容 C' 值无特殊要求；而当 B 为感性元件时，$B'<|2B|$ 才有判定为感性的意义。$B'>|2B|$ 时，电流单调上升，与 B 为容性时相同，并不能说明电路是感性的。因此 $B'<|2B|$ 是判断电路性质的可靠条件，由此得判定条件为 $C'<\left|\dfrac{2B}{\omega}\right|$。

（2）给被测元件串联一个适当容量的实验电容，若被测阻抗的端电压下降，则判为容性，端压上升则为感性，判定条件为 $\dfrac{1}{\omega C}<|2X|$，式中 X 为被测阻抗的电抗值，C' 为串联实验电容值，此关系式可自行证明。

判断待测元件的性质，除上述借助于实验电容 C' 测定法外，还可以利用该元件的电流 i 与电压 u 之间的相位关系来判断。若 i 超前于 u，为容性；i 滞后于 u，则为感性。

三、实验设备

(1) 直流数字电压表，0～500 V。

(2) 直流数字毫安表，0～5 A。

(3) 功率表。

(4) 三相灯组负载，15 W/220 V 白炽灯 3 只。

(5) 三相电容负载，容值分别为 1 μF、2.2 μF、4.7 μF。

四、实验内容

测试线路如图 6-3 所示。

(1) 按图 6-3 接线，并经指导教师检查后接通市电电源。

(2) 分别测量 15 W 白炽灯（R）、30 W 日光灯镇流器（L）和 4.7 μF 电容器（C）的等效参数，填入表 6-1 中。

(3) 测量 L、C 串联与并联后的等效参数，将数据填入表 6-1 中。

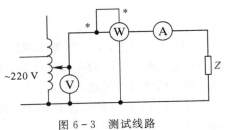

图 6-3　测试线路

表 6-1

被测阻抗	测量值			计算值			电路等效参数		
	U/V	I/A	P/W	cosφ	Z/Ω	cosφ	R/Ω	L/mH	C/μF
15 W 白炽灯 R									
电感线圈 L									
电容器 C									
L 与 C 串联									
L 与 C 并联									

(4) 验证用串、并试验电容法判别负载性质的正确性。实验线路同图 6-3，但不必接功率表，按表 6-2 内容进行测量并记录。

表 6-2

被测元件	串联 1 μF 电容		并联 1 μF 电容	
	串联前端电压/V	串联后端电压/V	并联前电流/A	并联电流/A
R(三只 15 W 白炽灯)				
C(4.7 μF)				
L(1 H)				

五、实验注意事项

(1) 本实验直接用市电 220V 交流电源供电，实验中要特别注意人身安全，不可用手直接触摸通电线路的裸露部分，以免触电，进实验室应穿绝缘鞋。

（2）自耦调压器在接通电源前，应将其手柄置在零位上，调节时，使其输出电压从零开始逐渐升高。每次改接实验线路、换拨黑匣子上的开关及实验完毕时，都必须先将其旋柄慢慢调回零位，再断电源。操作时必须严格遵守这一安全操作规程。

（3）实验前应详细阅读智能交流功率表的使用说明书，熟悉其使用方法。

六、实验报告

（1）根据实验数据，完成各项计算。

（2）心得体会及其他。

实验 7　阻抗的串联、并联和混联

一、实验目的

（1）通过对电阻器、电感线圈、电容器串联、并联和混联后阻抗值的测量，研究阻抗串、并、混联的特点。

（2）通过测量阻抗，加深对复阻抗、阻抗角、相位差等概念的理解。

（3）学习用电压表、电流表相结合画向量图法测量复阻抗。

二、实验原理

（1）交流电路中两个元件串联后总阻抗等于两个复阻抗之和，即
$$Z_总 = Z_1 + Z_2$$
两个元件并联，总导纳等于两个元件的复导纳之和，即
$$Y_总 = Y_1 + Y_2$$
两个元件并联，然后再与另一个元件串联，则总阻抗应为
$$Z_总 = Z_3 + \frac{Z_1 Z_2}{Z_1 + Z_2}$$

（2）在实验 9 中，用 V、A、φ 表法或 V、A、W 表法测元件阻抗是很方便的，但如果没有相位表和功率表，仅有电压表和电流表而又欲测复阻抗，则可以用下面所述的画向量图法来确定相位角。

如图 7-1 所示的电阻器和电感线圈的复阻抗为待测量，可以用电压表分别测出有效值 U、U_R、U_{rL}，用电流表测出电流有效值 I（电阻 R 的感性分量可忽略不计，阻性分量计算根据实验 9 的实际值代入）。

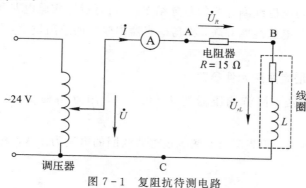

图 7-1　复阻抗待测电路

绘制向量图如图 7-2 所示。在绘制向量图时，由于相位角不能测出，只能利用电压 U、U_R、U_{rL} 组成闭合三角形，根据所测电压值按某比例尺（如每厘米表示 3 V）截取线段，用几何方法画出电压三角形，然后根据电阻器的电压与电流同相位确定画电流向量的位置。电流的比例尺可以任意确定（如每厘米 0.1 A）。

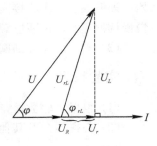

图 7-2　向量图

根据电压表、电流表所测得的值以及从画出的向量图用量角器量出的相位角值，显然可得出复阻抗 Z_{AB}、Z_{BC} 及串联后的总阻抗 Z_{AC}，从而得出 R、L 的值。

这种方法也适用于阻抗并联，可以根据上述相似的办法画出电流三角形，再根据其中一支路元件的电压与电流相位关系确定电压向量。为了使从图中量出的角度精确，建议作图应大一些，即选取电流比例尺小一些，如每厘米代表 0.1 A 或 0.05 A。

三、实验设备

（1）可调直流稳压电源，0~30 V。

（2）相位表/电量仪。

（3）直流数字电压表，0~200 V。

（4）直流数字毫安表，0~200 mV。

（5）万用表。

（6）可调电阻箱，0~99 999.9 Ω。

（7）电感线圈，10 mH。

（8）电容器，235 μF。

四、实验内容

1. 研究阻抗的串联、并联和混联

（说明：以下所说的电阻器、电感线圈和电容器是指在实验 9 中测试过的元件，根据实验 9 的表 9-1 可计算出它们的复阻抗 Z_1、Z_2、Z_3 或复导纳 Y。）

（1）测量电阻器与电感线圈串联的阻抗 $Z_{总}$。自行选用仪器设备，设计实验电路图和记录数据的表格。

（2）测量电阻器与电感线圈并联的总导纳 $Y_{总}$。自行设计实验电路和记录数据的表格。

（3）测量电阻器与电感线圈并联，再与电容器串联后的总阻抗 $Z_{总}$。自行设计实验电路与记录数据的表格。

2. 用伏特表-安培表法测元件参数

（4）按图 7-1 接线，调节调压器使 $I=0.8$ A，用万用表交流电压挡测量 U、U_R、U_{rL} 之值。

（5）按图 7-3 接线，调节调压器使流过电感线圈的电流为 1 A，测出电流 I、I_1、I_2 及电压 U 的有效值。

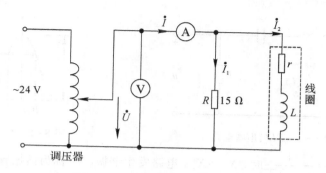

图 7-3 测电流和电压有效值电路

五、实验注意事项

（1）本实验直接用市电 220 V 交流电源供电，实验中要特别注意人身安全，禁止用手直接触摸通电线路的裸露部分，以免触电，进实验室应穿绝缘鞋。

（2）自耦调压器在接通电源前，应将其手柄置在零位上，调节时，使其输出电压从零开始逐渐升高。每次改接实验线路、换拨黑匣子上的开关及实验完毕时，都必须先将其旋柄慢慢调回零位，再断电源。操作时必须严格遵守这一安全操作规程。

六、实验报告

（1）根据实验内容（1）的数据求出 $Z_{总}$，利用实验 9 数据计算出 Z_1、Z_2，验证串联时 $Z_{总}=Z_1+Z_2$。

（2）根据实验内容（2）的数据求出 $Y_{总}$，利用实验 9 数据计算出 Y_1、Y_2，验证并联时 $Y_{总}=Y_1+Y_2$。

（3）根据实验内容（3）的数据求出 $Z_{总}$，利用实验 9 数据计算出 Z_1、Z_2、Z_3，验证 $Z_{总}=Z_3+\dfrac{Z_1 Z_2}{Z_1+Z_2}$。

实验 8 *RLC* 串联电路谐振特性的研究

一、实验目的

（1）学习用实验方法测定 *RLC* 串联电路的幅频特性曲线。

（2）理解电路发生谐振的条件特点，掌握通过实验获得谐振频率 f_0 的方法。

（3）掌握电路通频带 Δf、品质因数 Q 的意义及其测定方法。

二、实验原理

（1）在图 8-1 所示的 *RLC* 串联电路中，当正弦交流信号 u_i 的频率 f 改变时，电路中的感抗、容抗随之而变，电路中的电流也随 f 而变。取电阻 R 上的电压 u_o 为输出，以频率 f 为横坐标，输出电压 u_o 的有效值为纵坐标，绘出光滑的曲线，即为输出电压的幅频特性，如图 8-2 所示。

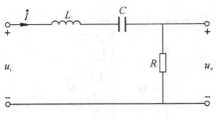

图 8-1 RLC 串联电路

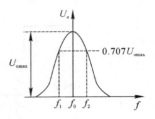

图 8-2 幅频特性

（2）在 $f=f_0=\dfrac{1}{2\pi\sqrt{LC}}$ 时，$X_L=X_C$，电路发生谐振。f_0 称为谐振频率，即幅频特性曲线尖峰所在的频率点，此时电路呈纯阻性，电路的阻抗模最小。在输入电压 u_i 一定时，电路中的电流 i 达到最大值，且与输入电压 u_i 同相位。这时，$U_o=RL=U_i$，$U_L=U_C=QU_i$，其中 Q 称为电路的品质因数。

（3）电路品质因数 Q 值的测量方法。

①根据公式 $Q=\dfrac{U_L}{U_i}=\dfrac{U_C}{U_i}$ 测定，其中 U_L、U_C 分别为谐振时电感 L 和电容 C 上的电压有效值。

②通过测量谐振曲线的通频带宽度 $\Delta f=f_2-f_1$，再根据 $Q=\dfrac{f_0}{\Delta f}$ 求出 Q 值。其中 f_0 为谐振频率，f_2 和 f_1 分别是 U_o 下降到 $0.707U_{omax}$ 时对应的频率，分别称为上、下限截止频率，如图 8-2 所示。

在图 8-2 所示的幅频特性中，Q 值越大，曲线越尖锐，通频带越窄，电路的选择性越好。电路的品质因数、选择性与通频带只取决于电路本身的参数，而与信号源无关。

三、实验设备

（1）函数信号发生器。

（2）交流毫伏表，0～600V。

（3）双踪示波器。

（4）频率计。

（5）谐振电路实验电路板，电阻 $R=100\ \Omega$、$R=200\ \Omega$；电容 $C=0.1\ \mu F$、$C=0.01\ \mu F$；电感 $L=30\ mH$。

四、实验内容

（1）按图 8-3 所示组成监视、测量电路。用交流毫伏表测电压，用示波器监测信号源的输出。令信号源输出电压 $U_i=4V_{p-p}$，并保持不变。

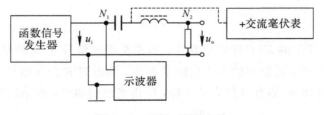

图 8-3 监视、测量电路

（2）找出电路的谐振频率 f_0，方法是，将毫伏表接在 $R(200\Omega)$ 两端，令信号源的频率由小逐渐变大（注意要维持信号源的输出幅度不变），当 U_o 的读数为最大时，读得频率计上的频率值即为电路的谐振频率 f_0，并测量 U_C 与 U_L 之值（注意及时更换毫伏表的量限）。

（3）在谐振点两侧按频率递增或递减 500 Hz 或 1 kHz 依次各取 8 个测量点，逐点测出 U_o、U_L、U_C 之值，记入数据表 8-1 中。

表 8-1

f/kHz								
U_o/V								
U_L/V								
U_C/V								

$U_i = 4V_{P-P}$，$C = 0.01\ \mu F$，$R = 510\Omega$，$f_0 =$　　　，$f_2 - f_1 =$　　　，$Q =$

（4）将电阻改为 R_2，重复实验内容（2）、（3）的测量过程，将数据记入表 8-2 中。

表 8-2

f/kHz								
U_o/V								
U_L/V								
U_C/V								

$U_i = 4V_{P-P}$，$C = 0.01\ \mu F$，$R = 1\ k\Omega$，$f_0 =$　　　，$f_2 - f_1 =$　　　，$Q =$

（5）选 C_2，重复实验内容（2）～（4）。（自制表格）

五、实验注意事项

（1）测试频率点的选择应在靠近谐振频率附近多取几点。在变换频率测试前，应调整信号输出幅度（用示波器监视输出幅度），使其维持在 3 V。

（2）测量 U_C 和 U_L 数值前，应将毫伏表的量限改大，而且在测量 U_L 与 U_C 时毫伏表的"＋"端应接 C 与 L 的公共点，其接地端应分别触及 L 和 C 的近地端 N_2 和 N_1。

（3）实验中，信号源的外壳应与毫伏表的外壳绝缘（不共地）。如能用浮地式交流毫伏表测量，则效果更佳。

六、实验报告

（1）根据测量数据，绘出不同 Q 值时三条幅频特性曲线，即 $U_o = f(f)$，$U_L = f(f)$，$U_C = f(f)$。

（2）计算出通频带与 Q 值，说明不同 R 值对电路通频带与品质因数的影响。

（3）比较两种不同的测 Q 值的方法，并分析误差原因。

（4）谐振时，比较输出电压 U_o 与输入电压 U_i 是否相等？试分析原因。

（5）通过本次实验，总结、归纳串联谐振电路的特性。

实验 9　日光灯电路的测试

一、实验目的

（1）研究正弦稳态交流电路中电压、电流相量之间的关系。

（2）掌握日光灯线路的接线。

（3）理解改善电路功率因数的意义并掌握其方法。

二、实验原理

（1）在单相正弦交流电路中，用交流电流表测得各支路的电流值，用交流电压表测得回路各元件两端的电压值，它们之间的关系满足相量形式的基尔霍夫定律，即 $\sum \dot{I} = 0$ 和 $\sum \dot{U} = 0$。

（2）日光灯线路如图 9-1 所示，图中 A 是日光灯管，L 是镇流器，S 是启辉器，C 是补偿电容器，用于改善电路的功率因数（$\cos\varphi$ 值）。

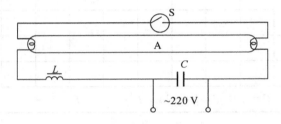

图 9-1　日光灯线路

灯管工作时，可以认为是一电阻负载。镇流器是一个铁芯线圈，可以认为是一个电感量较大的感性负载，两者串联构成一个 RL 串联电阻。日光灯工作时整个电路可用图 9-2 所示的等效串联电路来表示。

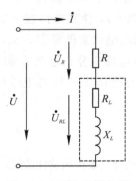

图 9-2　等效串联电路

三、实验设备

（1）交流电压表，0～500 V。

（2）交流电流表，0～5 A。

（3）功率表、自耦调压器。

（4）电容器，1 μF，2.2 μF，4.7 μF/500 V。

（5）日光灯灯管，40 W。

（6）镇流器、启辉器。

四、实验内容

（1）日光灯线路的接线与测量。按图 9-3 所示接线。经指导教师检查后接通实验台电源，调节自耦调压器的输出，使其输出电压缓慢增大，直到日光灯刚启辉点亮为止，记下三表的指示值。然后将电压调至 220V，测量功率 P，电流 I，电压 U、U_L、U_C 等值，并记入表 9-1 中，验证电压、电流相量的关系。

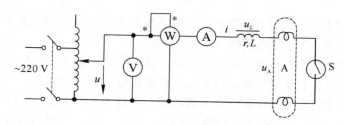

图 9-3　实验线路

表 9-1　日光灯电路的测量

	测　量　数　值						计算值	
	P/W	$\cos\varphi$	I/A	U/V	U_L/V	U_C/V	r/Ω	$\cos\varphi$
启辉值								
正常工作值								

（2）并联电路电路功率因数的改善。按图 9-4 所示组成实验线路，经指导老师检查后接通实验台电源，将自耦调压器的输出调至 220 V，记录功率表、电压表读数。通过一只电流表和三个电流插座分别测得三条支路的电流，改变电容值进行三次重复测量，数据记入表 9-2 中。

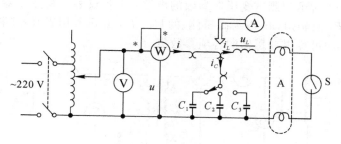

图 9-4　实验线路

表 9 – 2

电容值/μF	测 量 数 值					
	P/W	$\cos\varphi$	U/V	I/A	I_L/A	I_C/A
0						
1						
2.2						
4.7						

五、实验注意事项

（1）本实验使用 220 V 动力线路供电，在进行日光灯电路的接线操作时，务必切断实验台总供电电源开关，严禁带电操作。

（2）在本次实验中需要测量三条支路电流，需要在实验电路中接入三个电流测量插孔，如果接入的电流测量插孔个数不够，将无法正常完成电流数值的测量。

（3）日光灯启动电压随环境温度会有所改变，一般在 180 V 左右可启动，日光灯启动时电流较大（约 0.6 A），工作时电流约为 0.37 A，应注意仪表量限的选择。

六、实验报告

（1）根据实验数据，分别绘出电压、电流相量图，验证相量形式的基尔霍夫定律。

（2）讨论改善感性电路功率因数的方法、意义及注意事项。

实验 10　单相铁芯变压器特性的测试

一、实验目的

（1）学习变压器参数的测量方法。

（2）掌握变压器的空载特性与外特性曲线。

二、实验原理

（1）如图 10 – 1 所示为测试变压器参数的电路，由各仪表读得变压器原边（AX 设为低压侧）的 U_1、I_1、P_1 及副边（ax 设为高压侧）的 U_2、I_2，并用万用表 $R \times 1$ 挡测出原、副绕组的电阻 R_1 和 R_2，即可算得变压器的各项参数值。

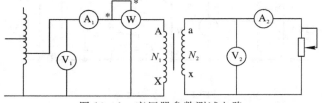

图 10 – 1　变压器参数测试电路

电压比 $K_U = \dfrac{U_1}{U_2}$，电流比 $K_I = \dfrac{I_2}{I_1}$，原边阻抗 $Z_1 = \dfrac{U_1}{I_1}$，副边阻抗 $Z_2 = \dfrac{U_2}{I_2}$，阻抗比 $N_2 = \dfrac{Z_1}{Z_2}$。

负载功率 $P_2 = U_2 I_2$，损耗功率 $P_0 = P_1 - P_2$，功率因数 $\cos\phi_1 = \dfrac{P_1}{U_1 I_1}$，原边线圈铜耗 $P_{Cu1} = I_1^2 R_1$，副边铜耗 $P_{Cu2} = I_1^2 R_2$，铁耗 $P_{Fe} = P_0 - (P_{Cu1} + P_{Cu2})$。

（2）变压器空载特性测试。铁芯变压器是一个非线性元件，铁芯中的磁感应强度 B 取决于外加电压的有效值 U，当副边开路（即空载）时，原边的励磁电流 I_{10} 与磁场强度 H 成正比。在变压器中，副边空载时，原边电压与电流的关系称为变压器的空载特性，这与铁芯的磁化曲线 $(B-H)$ 是一致的。

空载实验通常是将高压侧开路，由低压侧通电进行测量，又因空载时功率因数很低，故测量功率时应采用低功率因数瓦特表。此外，因变压器空载时阻抗很大，故电压表应接在电流表外侧。

（3）变压器外特性测试。为了满足实验装置上三组白炽灯负载额定电压为 220 V 的要求，以变压器的低压（36 V）绕组作为原边，220 V 的高压绕组作为副边，即当作一台升压变压器使用。

在保持原边电压 U_1（36 V）不变时，逐次增加灯泡负载（每只灯泡为 15 W）测定 U_1、U_2、I_1 和 I_2，即可绘出变压器的外特性，即负载特性曲线 $U_2 = f(I_2)$。

三、实验设备

（1）交流电压表，0～450 V。

（2）交流电流表，0～5 A。

（3）功率因数表。

（4）单相变压器，36 V/220 V，50 V·A。

（5）白炽灯，15 W/220 V，3 只。

四、实验内容

（1）用交流法判别变压器绕组的极性。

（2）按图 10-1 所示线路接线，AX 为低压绕组，ax 为高压绕组，即电源经调压器 TB 接至低压绕组，高压绕组接 220 V、15 W 的灯组负载（用 3 只白炽灯并联获得），经指导教师检查后方可进行实验。

（3）将调压器手柄置于输出电压为零的位置，然后合上电源开关，并调节调压器，使其输出电压等于变压器低压侧的额定电压 36 V，分别测试负载开路并逐次增加负载至额定值，将五个仪表的读数记入自拟的数据表格，绘制变压器外特性曲线。实验完毕将调压器调回零位，断开电源。

（4）将高压线圈（副边）开路，确认调压器处在零位后合上电源，调节调压器输出电压，使 U_1 从零逐次上升到 1.2 倍的额定电压（1.2×36V），分别记下各次测得的 U_1、U_{20} 和 I_{20} 数据，记入自拟的数据表格，绘制变压器的空载特性曲线。

五、实验注意事项

（1）本实验是将变压器作为升压器提供原边电压 U_1，故使用调压器时首先调至零位，

然后才可合上电源。此外，必须用电压表监视调压器的输出电压，防止被测变压器输出过高电压而损坏实验设备，且要注意安全，以防止高压触电。

（2）由负载实验转到空载实验时，要注意及时变更仪表量程。

（3）遇异常情况，应立即断开电源，待处理好故障后再继续实验。

六、实验报告

（1）根据实验内容，自拟数据表格，绘出变压器的外特性曲线和空载特性曲线。

（2）根据额定负载时测得的数据，计算变压器的各项参数。

（3）计算变压器的电压调整 $\Delta U(\%) = \dfrac{U_{20} - U_{2N}}{U_{20}} \times 100\%$。

实验 11　三相交流电路电压电流的测量

一、实验目的

（1）深入理解三相电路电压、电流和功率的特性，掌握三相交流电路中负载星形和三角形的连接方法。

（2）掌握对称和不对称负载在星形连接和三角形连接时的相电压、线电压以及相电流、线电流的测量方法。

二、实验原理

三相负载可接成星形（又称 Y 接）或三角形（又称△接）。当三相对称负载星形连接时，线电压 U_L 是相电压 U_P 的 $\sqrt{3}$ 倍，线电流 I_L 等于相电流 I_P，即 $U_L = \sqrt{3} U_P$，$I_L = I_P$，中点电压 $U_{N'N} = 0$，中线电流 $I_N = 0$，可以不接中线。

当三相对称负载三角形连接时，有 $I_L = \sqrt{3} I_P$，$U_L = U_P$。

不对称三相负载星形连接时，必须采用三相四线制接法，而且中线必须可靠连接，以保证三相不对称负载的每相电压等于电源相电压。不对称三相负载星形连接时，若无中线（或中线断了），此时 $U_L \neq \sqrt{3} U_P$，$U_{N'N} \neq 0$，是严重的供电电路故障。

不对称负载三角形连接时，$I_L \neq \sqrt{3} I_P$，但只要电源的线电压对称，加在三相负载上的电压仍是对称的，对各相负载工作没有影响。

三、实验设备

（1）交流电压表，0～450 V。

（2）交流电流表，0～5 A。

（3）功率因数表。

（4）三相自耦调压器。

（5）白炽灯，15 W/220 V，9 只。

四、实验内容

（1）三相负载星形连接（三相四线制供电）按图 11-1 所示线路组接实验电路，即三相灯组负载经三相自耦调压器接通三相对称电源。将三相调压器的旋柄置于输出为 0 V 的位置（即逆时针旋到底），经指导教师检查合格后方可开启实验台电源。然后调节调压器的输出，使输出的三相线电压为 220 V，并按下述内容完成各项实验，分别测量三相负载的线电压、相电压、线电流、相电流、中线电流、电源与负载中点间的电压。将所测得的数据记入表 11-1 中，并观察各相灯组亮暗的变化程度，特别要注意观察中线的作用。

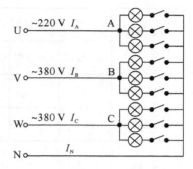

图 11-1 实验电路（星形连接）

表 11-1

测量数据 实验内容 （负载情况）	开灯盏数			线电流/A			线电压/V			相电压/V			中线 电流 I_N/A	中点 电压 $U_{N'N}$/V
	A 相	B 相	C 相	I_A	I_B	I_C	U_{AB}	U_{BC}	U_{CA}	U_{A0}	U_{B0}	U_{C0}		
Y_0 接平衡负载	3	3	3											
Y 接平衡负载	3	3	3											
Y_0 接不平衡负载	1	2	3											
Y 接不平衡负载	1	2	3											
Y_0 接 B 相断开	1		3											
Y 接 B 相断开	1		3											
Y 接 B 相短路	1		3											

（2）负载三角形连接（三相三线制供电）。按图 11-2 所示改接线路，经指导教师检查合格后接通三相电源，并调节调压器，使其输出线电压为 220V，并按表 11-2 的内容进行测试。

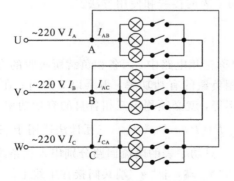

图 11-2 实验电路（三角形连接）

表 11 - 2

测量数据\负载情况	开灯盏数			线电压＝相电压/V			线电流/A			相电流/A		
	A - B 相	B - C 相	C - A 相	U_{AB}	U_{BC}	U_{CA}	I_A	I_B	I_C	I_{AB}	I_{BC}	I_{CA}
三相平衡	3	3	3									
三相不平衡	1	2	3									

五、实验注意事项

(1) 本实验采用 220 V 三相工频交流电供电，要注意人身安全，接线、拆线时必须断电，严格遵守"先接线、后通电，先断电、后拆线"的操作原则。

(2) 线路接好后，必须经仔细检查无误后才可接通电源。通电测量时，严禁触及导电部分，以免发生触电事故。

(3) 电流、电压测量的连接线，请用不同颜色的安全导线加以区分，避免将电流表当电压表并入电网测量而烧毁仪表。

六、实验报告

(1) 根据实验数据，计算当负载对称时，星形连接的 U_L/U_P 以及三角形连接的 I_L/I_P 值。

(2) 根据实验结果分析三相电路负载星形连接时中线的作用。

(3) 负载为星形连接时，分析在什么情况下必须有中线，在什么情况下可不要中线。

实验 12　三相电路功率的测量

一、实验目的

(1) 掌握用一瓦特表法、二瓦特表法测量三相电路有功功率与无功功率的方法。

(2) 进一步熟练掌握功率表的接线和使用方法。

二、实验原理

(1) 一瓦特表法：在对称三相电路中，因各相负载所吸收的有功功率相等，所以可以只用一只单相功率表测出一相负载的有功功率，再乘以 3 即可；在不对称三相电路中，因各相负载所吸收的有功功率不等，就必须测出三相各自的有功功率 P_A、P_B、P_C，再相加计算三相负载的总有功功率 $\sum P=P_A+P_B+P_C$。三瓦计法适用于三相四线制电路，接法如图 12 -1 所示。三瓦计法是将三只功率表的电流回路分别串入三条线中(A、B、C 线)，电压回路的"＊"端接在电路回路的"＊"端，非"＊"端共同接在中线上。

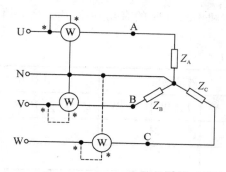

图 12-1　三相四线制电路

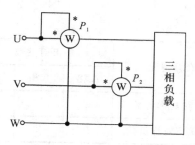

图 12-2　三相三线制电路

（2）二瓦特表法：对于对称电路中的三线三相制电路，或者不对称三相电路中，因均是三相三线制电路，所以可以采用两只单相功率表来测量三相电路总的有功功率，接法如图 12-2 所示。两只功率表的电路回路分别串入任意两条线中（图示为 A、B 线），电压回路的"＊"端接在电路回路的"＊"端，非"＊"端共同接在第三相线上（图示为 C 线）。两只功率表读数的代数和等于待测的三相功率。

（3）对于三相三线制供电的三相对称负载，可用一瓦特表法测得三相负载的总无功功率 Q，测试原理线路如图 12-3 所示。图示功率表读数的 $\sqrt{3}$ 倍，即为对称三相电路总的无功功率。除了此图给出的一种连接法（i_U、u_{VW}）外，还有另外两种连接法，即接成（i_V、u_{UW}）或（i_W、u_{UV}）。

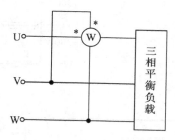

图 12-3　测试原理线路

三、实验设备

（1）交流电压表、交流电流表、功率表各一台。

（2）三相灯组负载 15 W/220 V 白炽灯，9 只。

（3）三相电容负载 1 μF、2.2 μF、4.7 μF。

四、实验内容

（1）用一瓦特表法测量三相四线制负载对称和不对称时的有功功率 P_A、P_B、P_C。按图 12-4 所示连接线路，将每组白炽灯连接成星形负载，按表 12-1 所要求的负载情况进行测量，并将测量结果记录于表中。

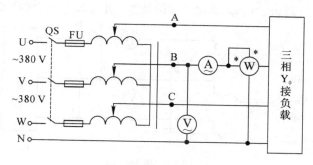

图 12-4　电路（一）

（2）用二瓦特表法测量三相三线制负载对称和不对称时的有功功率 P_1、P_2，填入表 12-1 中。

表 12-1

负载情况	开灯盏数			测量数据			计算值
	A 相	B 相	C 相	P_A/W	P_B/W	P_C/W	$\sum P/W$
Y_0 接对称负载	3	3	3				
Y_0 接不对称负载	1	2	3				

按图 12-5 所示连接线路，每组以两个白炽灯串联为一组负载，再将每组负载连接成三角形，组成三角形负载。按表 12-2 所要求的负载情况进行测量，并将测量结果记录于表中。

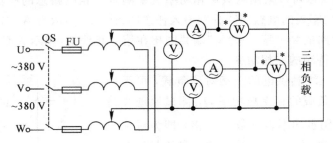

图 12-5　电路（二）

表 12-2

负载情况	开灯盏数			测量数据		计算值
	A 相	B 相	C 相	P_1/W	P_2/W	$\sum P/W$
Y 接平衡负载	3	3	3			
Y 接不平衡负载	1	2	3			
△接不平衡负载	1	2	3			
△接平衡负载	3	3	3			

（3）用一瓦特表法测定三相对称 Y 形负载的无功功率。按图 12-6 所示的电路接线。每相负载由白炽灯和电容器并联而成，并由开关控制其接入。检查接线无误后，接通三相电源，将调压器的输出线电压调到 220 V，读取三表的读数，并计算无功功率 $\sum Q$，记入表 12-3 中。

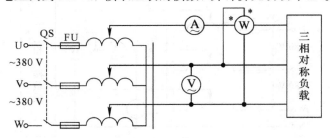

图 12-6　电路（三）

表 12 - 3

接法	负载情况	测量值			计算值
		U/V	I/A	Q/var	$\sum Q = \sqrt{3}Q$
$I_U,\ U_{VW}$	三相对称白炽灯组（每相开 3 盏）				
	三相对称电容器（每相 4.7 μF）				
	（1）、（2）的并联负载				

五、实验注意事项

每次实验完毕，均需将三相调压器的旋柄调回零位。每次改变接线时均需断开三相电源，以确保人身安全。

六、实验报告

（1）完成数据表格中的各项测量和计算任务。比较一瓦特表和二瓦特表法的测量结果。

（2）总结、分析三相电路功率测量的方法与结果。

实验 13　三相鼠笼式异步电动机点动控制和自锁控制

一、实验目的

（1）通过对三相鼠笼式异步电动机点动控制和自锁控制线路的实际安装接线，掌握由电气原理图变换成安装接线图的知识。

（2）通过实验进一步加深理解点动控制和自锁控制的特点。

二、实验原理

（1）继电-接触控制在各类生产机械中获得了广泛应用，凡是需要进行前后、上下、左右、进退等运动的生产机械，均采用传统的典型的正、反转继电-接触控制。交流电动机继电-接触控制电路的主要设备是交流接触器。

（2）在控制回路中常采用接触器的辅助触头来实现自锁和互锁控制。要求接触器线圈得电后能自动保持动作后的状态，这就是自锁，通常用接触器自身的动合触头与启动按钮相并联来实现，以达到电动机的长期运行，这一动合触头称为"自锁触头"。使两个电器不能同时得电动作的控制，称为互锁控制，如为了避免正、反转两个接触器同时得电而造成三相电源短路事故，必须增设互锁控制环节。为了操作方便，也为了防止因接触器主触头长期大电流的烧蚀而偶发触头粘连后造成的三相电源短路事故，通常在具有正、反转控制的线路中采用既有接触器的动断辅助触头的电气互锁，又有复合按钮机械互锁的双重互锁的控制环节。

（3）控制按钮通常用以短时通、断小电流的控制回路，以实现近、远距离控制电动机等执行部件的起、停或正、反转控制。按钮是专供人工操作使用的，对于复合按钮，其触点的动作规律是：当按下时，其动断触头先断，动合触头后合；当松手时，则动合触头先断，动断触头后合。

（4）在电动机运行过程中，应对可能出现的故障进行保护。采用熔断器作短路保护，当电动机或电器发生短路时，及时熔断熔体，达到保护线路、保护电源的目的。熔体熔断时间与流过的电流关系称为熔断器的保护特性，这是选择熔体的主要依据。

采用热继电器实现过载保护，使电动机免受长期过载之危害。其主要的技术指标是整定电流值，即电流超过此值的 20％ 时，其动断触头应能在一定时间内断开，切断控制回路，动作后只能由人工进行复位。

（5）在电气控制线路中，最常见的故障发生在接触器上。接触器线圈的电压等级通常有 220 V 和 380 V 等，使用时必须认清、切勿疏忽，否则，电压过高易烧坏线圈；电压过低，吸力不够，不易吸合或吸合频繁，这不但会产生很大的噪声，也会因磁路气隙增大，致使电流过大，也易烧坏线圈。此外，在接触器铁芯的部分端面嵌装有短路铜环，其作用是为了使铁芯吸合牢靠，消除颤动与噪声，若发现短路环脱落或断裂现象，接触器将会产生很大的振动与噪声。

三、实验设备

（1）三相鼠笼异步电动机（△/220 V）一台。

（2）交流接触器、热继电器、万用表各一个。

四、实验内容

实验前要检查控制屏左侧端面上的调压器旋钮必须在零位。开启"电源总开关"，按下"启动"按钮，旋转调压器旋钮将三相交流电源输出端 U、V、W 的线电压调到 220 V。再按下控制屏上的"关"按钮以切断三相交流电源。

（1）点动控制。按图 13-1 接线。接线时，先接主电路，它是从 220 V 三相交流电源的输出端 U、V、W 开始，经熔断器、接触器 KM_1 主触点到电动机 M 的三个线端 A、B、C 的电路，用导线按顺序串联起来，有三路。主电路经检查无误后，再接控制电路，从插孔 V 开始，经按钮 SB_1 常开、接触器 KM_1 线圈到插孔 W。接好线经指导老师检查无误后，按下列步骤进行实验：

① 按下控制屏上的"开"按钮。

② 接通三相交流 220 V 电源。

③ 按下启动按钮 SB_1，对电动机 M 的进行点动操作，比较按下 SB_1 和松开 SB_1 时电动机 M 的运转情况。

（2）自锁控制电路。按下控制屏上的"关"按钮以切断三相交流电源，按图 13-2 接线。检查无误后，启动电源进行实验：

① 接通三相交流 220 V 电源。

② 按下启动按钮 SB_1，松手后观察电动机 M 的运转情况。

③ 按下停止按钮 SB_2，松手后观察电动机 M 的运转情况。

实验完毕，将自耦调压器调回零位，按控制屏上停止按钮，切断实验线路的三相交流电源。

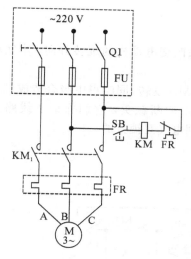

图 13-1　点动控制电路

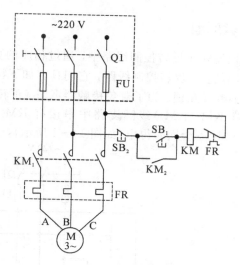

图 13-2　自锁控制电路

五、实验注意事项

（1）接线时合理安排挂箱位置，接线要求牢靠、整齐、清楚、安全可靠。

（2）操作时要胆大、心细、谨慎，不许用手触及各电器元件的导电部分及电动机的转动部分，以免触电及意外损伤。

（3）通电观察继电器的动作情况时，要注意安全，防止碰触带电部位。

六、实验报告

（1）试比较点动控制线路与自锁控制线路从结构上看主要区别是什么？从功能上看主要区别又是什么？

（2）自锁控制线路在长期工作后可能会失去自锁作用，试分析产生的原因是什么。

（3）交流接触器线圈的额定电压为 220 V，若误接到 380 V 电源上会产生什么后果？反之，若接触器线圈电压为 380 V，而电源线电压为 220 V，其结果又如何？

（4）在主回路中，熔断器和热继电器的热元件可否少用一只或两只？熔断器和热继电器两者可否只采用其中一种就可起到短路和过载保护作用，为什么？

实验 14　三相鼠笼式异步电动机正反转控制

一、实验目的

（1）通过对三相异步电动机正反转控制线路的接线，掌握由电路原理图接成实际操作电路的方法。

（2）掌握三相异步电动机正反转的原理和方法。

（3）掌握手动控制正反转控制、接触器联锁正反转、按钮联锁正反转控制及按钮和接触器双重联锁正反转控制线路的不同接法，并熟悉在操作过程中有哪些不同之处。

二、实验原理

在鼠笼式正反转控制线路中，通过相序的更换来改变电动机的旋转方向。本实验给出两种不同的正、反转控制线路，它们具有如下特点。

（1）电气互锁。为了避免接触器 KM_1（正转）、KM_2（反转）同时得电吸合造成三相电源短路，在 KM_1（KM_2）线圈支路中串接有 KM_1（KM_2）动断触头，它们保证了线路工作时 KM_1、KM_2 不会同时得电（如图 14-1 所示），以达到电气互锁目的。

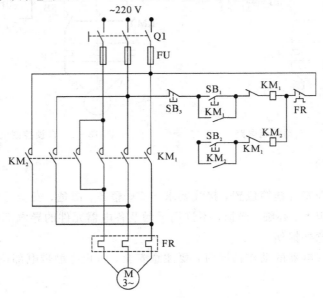

图 14-1　电气互锁电路

（2）电气和机械双重互锁。除电气互锁外，可再采用复合按钮 SB_1 与 SB_2 组成的机械互锁环节（如图 14-2 所示），以求线路工作更加可靠。

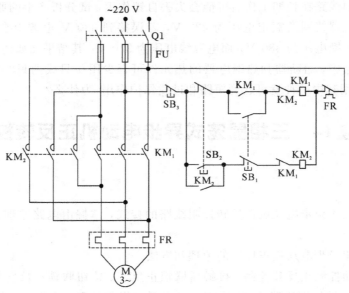

图 14-2　双重互锁电路

（3）线路具有短路、过载以及失、欠压保护等功能。

三、实验设备

（1）三相鼠笼异步电动机（△/220 V）一台。

（2）交流接触器、热继电器、万用电表各一个。

四、实验内容

认识各电器元件的结构。鼠笼机接成△接法；实验线路电源端接三相自耦调压器输出端 U、V、W，供电线电压为 220 V。

（1）接触器联锁的正反转控制线路。按图 14-1 接线，经指导教师检查后，方可进行通电操作。

① 开启控制屏电源总开关，按启动按钮，调节调压器输出，使输出线电压为 220 V。

② 按正向起动按钮 SB_1，观察并记录电动机的转向和接触器的运行情况。

③ 按反向起动按钮 SB_2，观察并记录电动机和接触器的运行情况。

④ 按停止按钮 SB_3，观察并记录电动机的转向和接触器的运行情况。

⑤ 再按 SB_2，观察并记录电动机的转向和接触器的运行情况。

⑥ 实验完毕，按控制屏停止按钮，切断三相交流电源。

（2）接触器和按钮双重联锁的正反转控制线路。按图 14-2 接线，经指导教师检查后，方可进行通电操作。

① 按控制屏启动按钮，接通 220 V 三相交流电源。

② 按正向启动按钮 SB_1，电动机正向启动，观察电动机的转向及接触器的动作情况。按停止按钮 SB_3，使电动机停转。

③ 按反向启动按钮 SB_2，电动机反向启动，观察电动机的转向及接触器的动作情况。按停止按钮 SB_3，使电动机停转。

④ 按正向（或反向）启动按钮，电动机启动后，再去按反向（或正向）启动按钮，观察有何情况发生。

⑤ 电动机停稳后，同时按正、反向两只启动按钮，观察有何情况发生。

⑥ 失压与欠压保护。

（a）按启动按钮 SB_1（或 SB_2）启动电动机后，按控制屏停止按钮，断开实验线路三相电源，模拟电动机失压（或零压）状态，观察电动机与接触器的动作情况，随后，再按控制屏上的启动按钮，接通三相电源，但不按 SB_1（或 SB_2），观察电动机能否自行启动。

（b）重新启动电动机后，逐渐减小三相自耦调压器的输出电压，直至接触器释放，观察电动机是否自行停转。

⑦ 过载保护。打开热继电器的后盖，当电动机启动后，人为地拨动双金属片模拟电动机过载情况，观察电机、电器的动作情况。

五、实验注意事项

（1）此实验较难操作且危险，有条件可由指导教师做示范操作。

（2）实验完毕，将自耦调压器调回零位，按控制屏上的停止按钮，切断实验线路电源。

六、实验报告

(1) 在电动机正、反转控制线路中，为什么必须保证两个接触器不能同时工作？采用哪些措施可解决此问题，这些方法有何利弊，最佳方案是什么？

(2) 热继电器是否也能起到短路保护作用？

第三章　电子技术实验

实验 15　晶体管共射极单管放大器

一、实验目的

（1）学会放大器静态工作点的调试方法，分析静态工作点对放大器性能的影响。

（2）掌握放大器电压放大倍数、输入电阻、输出电阻及最大不失真输出电压的测试方法。

（3）熟悉常用电子仪器及模拟电路实验设备的使用。

二、实验原理

图 15-1 所示为电阻分压式工作点稳定的共射极单管放大器实验电路图。它的偏置电路采用由 R_{B1} 和 R_{B2} 组成的分压电路，并在发射极中接有电阻 R_E，以稳定放大器的静态工作点。当在放大器的输入端加入输入信号 u_i 后，在放大器的输出端便可得到一个与 u_i 相位相反，幅值被放大了的输出信号 u_o，从而实现电压放大。

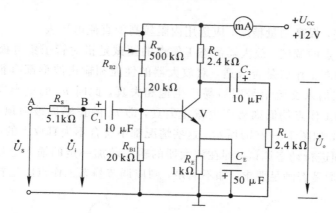

图 15-1　共射极单管放大器实验电路

在图 15-1 电路中，当流过偏置电阻 R_{B1} 和 R_{B2} 的电流远大于晶体管 V 的基极电流 I_B 时（一般为 5～10 倍），则它的静态工作点可用下式估算。

$$U_B \approx \frac{R_{B1}}{R_{B1} + R_{B2}} U_{CC}$$

$$I_E = \frac{U_B - U_{BE}}{R_E} \approx I_C$$

$$U_{CE} = U_{CC} - I_C(R_C + R_E)$$

电压放大倍数为

$$A_u = -\beta \frac{R_C//R_L}{r_{be}}$$

输入电阻为

$$R_i = R_{B1}//R_{B2}//r_{be}$$

输出电阻

$$R_o \approx R_C$$

由于电子器件性能的分散性比较大，因此在设计和制作晶体管放大电路时，离不开测量和调试技术。在设计前应测量所用元器件的参数，为电路设计提供必要的依据，在完成设计和装配以后，还必须测量和调试放大器的静态工作点和各项性能指标。一个优质放大器，必定是理论设计与实验调整相结合的产物。因此，除了学习放大器的理论知识和设计方法外，还必须掌握必要的测量和调试技术。

放大器的测量和调试一般包括：放大器静态工作点的测量与调试，消除干扰与自激振荡以及放大器各项动态参数的测量与调试等。

1. 放大器静态工作点的测量与调试

（1）静态工作点的测量。测量放大器的静态工作点，应在输入信号 $u_i = 0$ 的情况下进行，即将放大器输入端与地端短接，然后选用量程合适的直流毫安表和直流电压表，分别测量晶体管的集电极电流 I_C 以及各电极对地的电位 U_B、U_C 和 U_E。一般实验中，为了避免断开集电极，采用测量电压 U_E 或 U_C，然后算出 I_C 的方法。例如，只要测出 U_E，即可用 $I_C \approx I_E = \dfrac{U_E}{R_E}$ 算出 I_C（也可根据 $I_C = \dfrac{U_{CC}-U_C}{R_C}$，由 U_C 确定 I_C），同时也能算出 $U_{BE} = U_B - U_E$，$U_{CE} = U_C - U_E$。

为了减小误差，提高测量精度，应选用内阻较高的直流电压表。

（2）静态工作点的调试。放大器静态工作点的调试是指对管子集电极电流 I_C（或 U_{CE}）的调整与测试。静态工作点是否合适，对放大器的性能和输出波形都有很大影响。如工作点偏高，放大器在加入交流信号以后易产生饱和失真，此时 u_o 的负半周将被削底，如图 15-2(a)所示；如工作点偏低则易产生截止失真，即 u_o 的正半周被缩顶（一般截止失真不如饱和失真明显），如图 15-2(b)所示。这些情况都不符合不失真放大的要求，所以在选定工作点以后还必须进行动态调试，即在放大器的输入端加一定的输入电压 u_i，检查输出电压 u_o 的大小和波形是否满足要求。如不满足，则应调节静态工作点的位置。

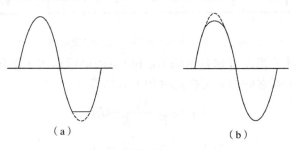

（a）   （b）

图 15-2　静态工作点对 u_o 波形失真的影响

改变电路参数 U_{CC}、R_C、R_B（R_{B1}、R_{B2}）都会引起静态工作点的变化，如图 15-3 所示。但

通常多采用调节偏置电阻 R_{B2} 的方法来改变静态工作点，如减小 R_{B2}，则可提高静态工作点等。

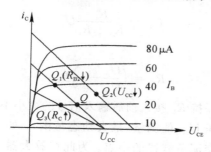

15-3　电路参数对静态工作点的影响

最后还要说明的是，上面所说的工作点"偏高"或"偏低"不是绝对的，而是相对信号的幅度而言的，如输入信号幅度很小，即使工作点较高或较低也不一定会出现失真。所以确切地说，产生波形失真是信号幅度与静态工作点设置配合不当所致。如需满足较大信号幅度的要求，静态工作点最好尽量靠近交流负载线的中点。

2. 放大器动态指标测试

放大器动态指标包括电压放大倍数、输入电阻、输出电阻、最大不失真输出电压（动态范围）和通频带等。

（1）电压放大倍数 A_u 的测量。调整放大器到合适的静态工作点，然后加入输入电压 u_i，在输出电压 u_o 不失真的情况下，用交流毫伏表测出 u_i 和 u_o 的有效值 U_i 和 U_o，则

$$A_u = \frac{U_o}{U_i}$$

（2）输入电阻 R_i 的测量。为了测量放大器的输入电阻，按图 15-4 电路在被测放大器的输入端与信号源之间串入一已知电阻 R，在放大器正常工作的情况下，用交流毫伏表测出 U_s 和 U_i，则根据输入电阻的定义可得

$$R_i = \frac{U_i}{I_i} = \frac{U_i}{\dfrac{U_R}{R}} = \frac{U_i}{U_s - U_i} R$$

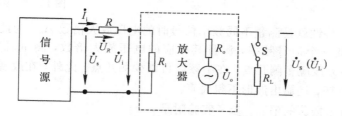

图 15-4　输入、输出电阻测量电路

测量时应注意以下几点：

① 由于电阻 R 两端没有电路公共接地点，所以测量 R 两端电压 U_R 时必须分别测出 U_s 和 U_i，然后按 $U_R = U_s - U_i$ 求出 U_R 值。

② 电阻 R 的值不宜取得过大或过小，以免产生较大的测量误差，通常取 R 与 R_i 为同一数量级为好，本实验可取 $R = 1 \sim 2$ kΩ。

（3）输出电阻 R_o 的测量。按图 15-4 所示连接电路，在放大器正常工作条件下，测出

输出端不接负载 R_L 的输出电压 U_o 和接入负载后的输出电压 U_L，根据

$$U_L = \frac{R_L}{R_o + R_L} U_o$$

即可求出

$$R_o = \left(\frac{U_o}{U_L} - 1 \right) R_L$$

在测试中应注意，必须保持 R_L 接入前后输入信号的大小不变。

（4）最大不失真输出电压 U_{oPP} 的测量（最大动态范围）。如上所述，为了得到最大动态范围，应将静态工作点调在交流负载线的中点。为此在放大器正常工作情况下，逐步增大输入信号的幅度，并同时调节 R_w（改变静态工作点），用示波器观察 u_o，当输出波形同时出现削底和缩顶现象（如图 15-5）时，说明静态工作点已调在交流负载线的中点。然后反复调整输入信号，使波形输出幅度最大，且无明显失真时，用交流毫伏表测出 U_o（有效值），则动态范围等于 $2\sqrt{2}U_o$，或用示波器直接读出 U_{oPP} 来。

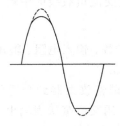

图 15-5 静态工作点正常而输入信号太大引起的失真

（5）放大器幅频特性的测量。放大器的幅频特性是指放大器的电压放大倍数 A_u 与输入信号频率 f 之间的关系曲线。单管阻容耦合放大电路的幅频特性曲线如图 15-6 所示，A_{um} 为中频电压放大倍数，通常规定电压放大倍数随频率变化下降到中频放大倍数的 $1/\sqrt{2}$ 倍，即 $0.707A_{um}$ 所对应的频率分别称为下限频率 f_L 和上限频率 f_H，则通频带 $f_{BW} = f_H - f_L$。

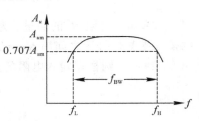

图 15-6 幅频特性曲线

放大器的幅率特性就是测量不同频率信号时的电压放大倍数 A_u。为此，可采用前述测 A_u 的方法，每改变一个信号频率，测量其相应的电压放大倍数，测量时应注意取点要恰当，在低频段与高频段应多测几点，在中频段可以少测几点。此外，在改变频率时，要保持输入信号的幅度不变，且输出波形不得失真。

（6）干扰和自激振荡的消除。参考实验附录。

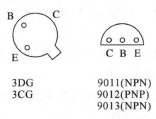

3DG 9011(NPN)
3CG 9012(PNP)
      9013(NPN)

图 15-7 晶体三极管管脚排列

三、实验设备

(1) +12 V 直流电源。

(2) 函数信号发生器。

(3) 双踪示波器。

(4) 交流毫伏表。

(5) 直流电压表。

(6) 直流毫安表。

(7) 频率计。

(8) 万用表。

(9) 晶体三极管 3DG6×1(β=50~100)或 9011×1(管脚排列如图 15-7 所示)电阻器、电容器若干。

四、实验内容

实验电路如图 15-1 所示。为防止干扰，各仪器的公共端必须连在一起，同时信号源、交流毫伏表和示波器的引线应采用专用电缆线或屏蔽线，如使用屏蔽线，则屏蔽线的外包金属网应接在公共接地端上。

1. 调试静态工作点

接通直流电源前，先将 R_w 调至最大，函数信号发生器输出旋钮旋至零。接通 +12 V 电源，调节 R_w，使 I_C=2.0 mA(即 U_E=2.0 V)，用直流电压表测量 U_B、U_E、U_C，用万用表测量 R_{B2} 的值，记入表 15-1。

表 15-1　　　　　　　　　　　　　　　　　　　　I_C=2 mA

测　量　值				计　算　值		
U_B/V	U_E/V	U_C/V	R_{B2}/kΩ	U_{BE}/V	U_{CE}/V	I_C/mA

2. 测量电压放大倍数

在放大器输入端加入频率为 1 kHz 的正弦信号 u_s，调节函数信号发生器的输出旋钮使放大器输入电压 U_i≈10 mV，同时用示波器观察放大器输出电压 u_o 波形，在波形不失真的条件下用交流毫伏表测量下述三种情况下的 U_o 值，并用双踪示波器观察 u_o 和 u_i 的相位关系，记入表 15-2。

表 15-2　　　　　　　　　　　　　I_C=2.0 mA, U_i=　mV

R_C/kΩ	R_L/kΩ	U_o/V	A_u	观察记录一组 u_o 和 u_i 波形
2.4	∞			
1.2	∞			
2.4	2.4			

3. 观察静态工作点对电压放大倍数的影响

置 $R_C = 2.4\ k\Omega$，$R_L = \infty$，U_i 适量，调节 R_w，用示波器监视输出电压波形，在 u_o 不失真的条件下，测量数组 I_C 和 U_o 值，记入表 15-3。

表 15-3　　　　　　　$R_C = 2.4\ k\Omega$，$R_L = \infty$，$U_i =$　mV

I_C/mA			2.0		
U_o/V					
A_u					

测量 I_C 时，要先将信号源输出旋钮旋至零（即使 $U_i = 0$）。

4. 观察静态工作点对输出波形失真的影响

置 $R_C = 2.4\ k\Omega$，$R_L = 2.4\ k\Omega$，$u_i = 0$，调节 R_w 使 $I_C = 2.0\ \text{mA}$，测出 U_{CE} 值，再逐步加大输入信号，使输出电压 u_o 足够大但不失真。然后保持输入信号不变，分别增大和减小 R_w，使波形出现失真，绘出 u_o 的波形，并测出失真情况下的 I_C 和 U_{CE} 值，记入表 15-4 中。每次测 I_C 和 U_{CE} 值时都要将信号源的输出旋钮旋至零。

表 15-4　　　　　　　$R_C = 2.4\ k\Omega$，$R_L = \infty$，$U_i =$　mV

I_C/mA	U_{CE}/V	u_o 波形	失真情况	管子工作状态
		u_o ↑ →t		
2.0		u_o ↑ →t		
		u_o ↑ →t		

5. 测量最大不失真输出电压

置 $R_C = 2.4\ k\Omega$，$R_L = 2.4\ k\Omega$，按照实验原理 2 中的（4）所述方法，同时调节输入信号的幅度和电位器 R_w，用示波器和交流毫伏表测量 U_{oPP} 及 U_o 的值，记入表 15-5。用示波器观察输出波形，使输出达到最大，且不失真。

表 15-5　　　　　　　$R_C = 2.4\ k\Omega$，$R_L = 2.4\ k\Omega$

I_C/mA	U_{im}/mV	U_{om}/V	U_{oPP}/V

6. 测量输入电阻和输出电阻

置 $R_C=2.4\ \text{k}\Omega$，$R_L=2.4\ \text{k}\Omega$，$I_C=2.0\ \text{mA}$。输入 $f=1\ \text{kHz}$ 的正弦信号，在输出电压 u_o 不失真的情况下，用交流毫伏表测出 U_s、U_i 和 U_L，并记入表 15-6。

保持 U_s 不变，断开 R_L，测量输出电压 U_o，并记入表 15-6。

表 15-6 $\qquad\qquad I_C=2\ \text{mA}，R_C=2.4\ \text{k}\Omega，R_L=2.4\ \text{k}\Omega$

U_s/mV	U_i/mV	$R_i/\text{k}\Omega$		U_L/V	U_o/V	$R_o/\text{k}\Omega$	
		测量值	计算值			测量值	计算值

7. 测量幅频特性曲线

取 $I_C=2.0\ \text{mA}$，$R_C=2.4\ \text{k}\Omega$，$R_L=2.4\ \text{k}\Omega$。保持输入信号 u_i 的幅度不变，改变信号源频率 f，逐点测出相应的输出电压 U_o，记入表 15-7。

表 15-7 $\qquad\qquad\qquad\qquad\qquad U_i=\qquad\text{mV}$

	f_l $\qquad f_0$ $\qquad f_n$		
f/kHz			
U_o/V			
$A_u=U_o/U_i$			

为了信号源频率 f 的取值合适，可先粗测一下，找出中频范围，然后再仔细读数。

说明：本实验内容较多，其中 6、7 可作为选做内容。

五、实验注意事项

（1）阅读教材中有关单管放大电路的内容并估算实验电路的性能指标。

假设：3DG6 的 $\beta=100$，$R_{B1}=20\ \text{k}\Omega$，$R_{B2}=60\ \text{k}\Omega$，$R_C=2.4\ \text{k}\Omega$，$R_L=2.4\ \text{k}\Omega$。

估算放大器的静态工作点、电压放大倍数 A_u、输入电阻 R_i 和输出电阻 R_o。

（2）阅读实验附录中有关放大器干扰和自激振荡消除内容。

（3）能否用直流电压表直接测量晶体管的 U_{BE}？为什么实验中要采用测 U_B、U_E，再间接算出 U_{BE} 的方法？

（4）怎样测量 R_{B2} 阻值？

（5）当调节偏置电阻 R_{B2}，使放大器输出波形出现饱和或截止失真时，晶体管的管压降 U_{CE} 怎样变化？

（6）改变静态工作点对放大器的输入电阻 R_i 有无影响？改变外接电阻 R_L 对输出电阻 R_o 有无影响？

（7）在测试 A_u、R_i 和 R_o 时怎样选择输入信号的大小和频率？为什么信号频率一般选 1 kHz，而不选 100 kHz 或更高？

（8）测试中，如果将函数信号发生器、交流毫伏表、示波器中任一仪器的两个测试端子

接线换位(即各仪器的接地端不再连在一起),将会出现什么问题?

六、实验报告

(1)列表整理测量结果,并把实测的静态工作点、电压放大倍数、输入电阻、输出电阻之值与理论计算值作比较(取一组数据进行比较),分析产生误差的原因。

(2)总结 R_C、R_L 及静态工作点对放大器电压放大倍数、输入电阻、输出电阻的影响。

(3)讨论静态工作点变化对放大器输出波形的影响。

(4)分析讨论调试过程中出现的问题。

实验 16　负反馈放大器

一、实验目的

加深理解放大电路中引入负反馈的方法和负反馈对放大器各项性能指标的影响。

二、实验原理

负反馈在电子电路中有着非常广泛的应用,虽然它使放大器的放大倍数降低,但能在多方面改善放大器的动态指标,如稳定放大倍数,改变输入、输出电阻,减小非线性失真和拓宽通频带等。因此,几乎所有的实用放大器都带有负反馈。

负反馈放大器有四种组态、即电压串联、电压并联、电流串联、电流并联。本实验以电压串联负反馈为例,分析负反馈对放大器各项性能指标的影响。

(1)图 16-1 所示为带有负反馈的两级阻容耦合放大电路,在电路中通过 R_f 把输出电压 u_o 引回到输入端,加在晶体管 V_1 的发射极上,在发射极电阻 R_{F1} 上形成反馈电压 u_f。根据反馈的判断法可知,它属于电压串联负反馈,其主要性能指标如下所述。

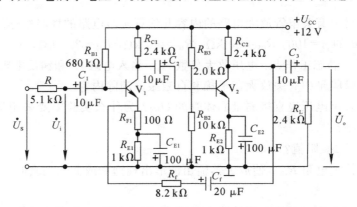

图 16-1　带有电压串联负反馈的两级阻容耦合放大器

① 闭环电压放大倍数为

$$A_{uf} = \frac{A_u}{1 + A_u F_u}$$

其中,$A_u = U_o/U_i$ ——基本放大器(无反馈)的电压放大倍数,即开环电压放大倍数。

$1 + A_u F_u$——反馈深度，它的大小决定了负反馈对放大器性能改善的程度。

② 反馈系数为

$$F_u = \frac{R_{F1}}{R_f + R_{F1}}$$

③ 输入电阻为

$$R_{if} = (1 + A_u F_u) R_i$$

式中，R_i——基本放大器的输入电阻。

④ 输出电阻为

$$R_{of} = \frac{R_o}{1 + A_{uo} F_u}$$

式中，R_o——基本放大器的输出电阻；

A_{uo}——基本放大器 $R_L = \infty$ 时的电压放大倍数。

（2）本实验还需要测量基本放大器的动态参数，怎样实现无反馈而得到基本放大器呢？不能简单地断开反馈支路，而是要去掉反馈作用，但又要把反馈网络的影响（负载效应）考虑到基本放大器中去。为此：

在画基本放大器的输入回路时，因为是电压负反馈，所以可将负反馈放大器的输出端交流短路，即令 $u_o = 0$，此时 R_f 相当于并联在 R_{F1} 上。

在画基本放大器的输出回路时，由于输入端是串联负反馈，因此需将反馈放大器的输入端（V_1 管的射极）开路，此时（$R_f + R_{F1}$）相当于并接在输出端，可近似认为 R_f 并接在输出端。

根据上述规律，就可得到所要求的如图 16-2 所示的基本放大器。

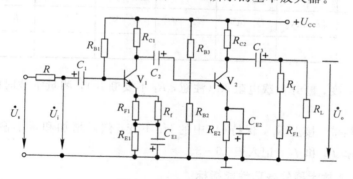

图 16-2　基本放大器

三、实验设备

（1）+12 V 直流电源。

（2）函数信号发生器。

（3）双踪示波器。

（4）频率计。

（5）交流毫伏表。

（6）直流电压表。

（7）晶体三极管 3DG6×2（$\beta = 50 \sim 100$）或 9011×2 电阻器、电容器若干。

四、实验内容

1. 测量静态工作点

按图 16-1 连接实验电路，取 $U_{CC} = +12$ V，$U_i = 0$，用直流电压表分别测量第一级、第二级的静态工作点，记入表 16-1。

表 16-1

	U_B/V	U_E/V	U_C/V	I_C/mA
第一级				
第二级				

2. 测试基本放大器的各项性能指标

将实验电路按图 16-2 所示改接，即把 R_f 断开后分别并在 R_{F1} 和 R_L 上，其他连线不动。

(1) 测量中频电压放大倍数 A_u、输入电阻 R_i 和输出电阻 R_o。

① 以 $f = 1$ kHz，U_s 约 5 mV 正弦信号输入放大器，用示波器监视输出波形 u_o，在 u_o 不失真的情况下，用交流毫伏表测量 U_s、U_i、U_L，记入表 16-2。

表 16-2

基本放大器	U_s/mV	U_i/mV	U_L/V	U_o/V	A_u	R_i/kΩ	R_o/kΩ
负反馈放大器	U_s/mV	U_i/mV	U_L/V	U_o/V	A_{uf}	R_{if}/kΩ	R_{of}/kΩ

② 保持 U_s 不变，断开负载电阻 R_L（注意，R_f 不要断开），测量空载时的输出电压 U_o，记入表 16-2。

(2) 测量通频带。接上 R_L，保持 (1) 中的 U_s 不变，然后增加和减小输入信号的频率，找出上、下限频率 f_H 和 f_L，记入表 16-3。

3. 测试负反馈放大器的各项性能指标

将实验电路恢复为图 16-1 的负反馈放大电路。适当加大 U_s（约 10 mV），在输出波形不失真的条件下，测量负反馈放大器的 A_{uf}、R_{if} 和 R_{of}，记入表 16-2；测量 f_{Hf} 和 f_{Lf}，记入表 16-3。

表 16-3

基本放大器	f_L/kHz	f_H/kHz	Δf/kHz
负反馈放大器	f_{Lf}/kHz	f_{Hf}/kHz	Δf_f/kHz

*4. 观察负反馈对非线性失真的改善

（1）将实验电路改接成基本放大器形式，在输入端加入 $f=1\,\text{kHz}$ 的正弦信号，输出端接示波器，逐渐增大输入信号的幅度，使输出波形开始出现失真，记下此时的波形和输出电压的幅度。

（2）再将实验电路改接成负反馈放大器形式，增大输入信号幅度，使输出电压幅度的大小与（1）相同，比较有负反馈时输出波形的变化。

五、实验注意事项

（1）预习教材中有关负反馈放大器的内容。

（2）按实验电路 16-1 估算放大器的静态工作点（取 $\beta_1=\beta_2=100$）。

（3）怎样把负反馈放大器改接成基本放大器？为什么要把 R_f 并接在输入和输出端？

（4）估算基本放大器的 A_u、R_i 和 R_o；估算负反馈放大器的 A_{uf}、R_{if} 和 R_{of}，并验算它们之间的关系。

（5）如按深负反馈估算，则闭环电压放大倍数 $A_{uf}=$？它和测量值是否一致？为什么？

（6）如输入信号存在失真，能否用负反馈来改善？

六、实验报告

（1）将基本放大器和负反馈放大器动态参数的实测值和理论估算值列表进行比较。

（2）根据实验结果，总结电压串联负反馈对放大器性能的影响。

实验 17　射 极 跟 随 器

一、实验目的

（1）掌握射极跟随器的特性及测试方法。

（2）进一步学习放大器各项参数的测试方法。

二、实验原理

射极跟随器的原理图如图 17-1 所示。它是一个电压串联负反馈放大电路，具有输入电阻高，输出电阻低，电压放大倍数接近于 1，输出电压能够在较大范围内跟随输入电压作线性变化，以及输入、输出信号同相等特点。

射极跟随器的输出取自发射极，故称其为射极输出器。

（1）输入电阻 R_i 为

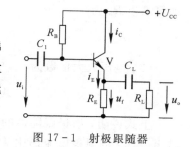

图 17-1　射极跟随器

$$R_i = r_{be} + (1+\beta)R_E$$

如考虑偏置电阻 R_B 和负载 R_L 的影响，则有

$$R_i = R_B \,/\!/\, [r_{be} + (1+\beta)(R_E \,/\!/\, R_L)]$$

由上式可知，射极跟随器的输入电阻 R_i 比共射极单管放大器的输入电阻 $R_i = R_B \,/\!/\, r_{be}$ 要高得多，但由于偏置电阻 R_B 的分流作用，输入电阻难以进一步提高。

输入电阻的测试方法同单管放大器，实验线路如图 17 - 2 所示。

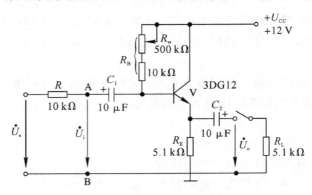

图 17 - 2　射极跟随器实验电路

R_i 的值为

$$R_i = \frac{U_i}{I_i} = \frac{U_i}{U_s - U_i} R$$

即只要测得 A、B 两点的对地电位即可计算出 R_i。

（2）输出电阻 R_o 为

$$R_o = \frac{r_{be}}{\beta} \; // \; R_E \approx \frac{r_{be}}{\beta}$$

如考虑信号源内阻 R_s，则有

$$R_o = \frac{r_{be} + (R_s \; // \; R_B)}{\beta} \; // \; R_E \approx \frac{r_{be} + (R_s \; // \; R_B)}{\beta}$$

由上式可知，射极跟随器的输出电阻 R_o 比共射极单管放大器的输出电阻 $R_o \approx R_C$ 低得多。三极管的 β 愈高，输出电阻愈小。

输出电阻 R_o 的测试方法同单管放大器，即先测出空载输出电压 U_o，再测接入负载 R_L 后的输出电压 U_L，根据

$$U_L = \frac{R_L}{R_o + R_L} U_o$$

即可求出 R_o 为

$$R_o = \left(\frac{U_o}{U_L} - 1 \right) R_L$$

（3）电压放大倍数为

$$A_u = \frac{(1 + \beta)(R_E \; // \; R_L)}{r_{be} + (1 + \beta)(R_E \; // \; R_L)} \leqslant 1$$

上式说明，射极跟随器的电压放大倍数小于等于 1，且为正值，这是深度电压负反馈的结果。但它的射极电流仍比基流大 $(1 + \beta)$ 倍，所以它具有一定的电流和功率放大作用。

（4）电压跟随范围，是指射极跟随器输出电压 u_o 跟随输入电压 u_i 作线性变化的区域。当 u_i 超过一定范围时，u_o 便不能跟随 u_i 作线性变化，即 u_o 波形产生了失真。为了使输出电压 u_o 的正、负半周对称，并充分利用电压跟随范围，静态工作点应选在交流负载线中点，测量时可直接用示波器读取 u_o 的峰峰值，即电压跟随范围；或用交流毫伏表读取 u_o 的有效值，则电压跟随范围为

$$U_{oPP} = 2\sqrt{2}U_o$$

三、实验设备

（1）＋12 V 直流电源。

（2）函数信号发生器。

（3）双踪示波器。

（4）交流毫伏表。

（5）直流电压表。

（6）频率计。

（7）3DG12×1（$\beta=50\sim100$）或 9013 电阻器、电容器若干。

四、实验内容

1. 静态工作点的调整

接通＋12 V 直流电源，在 B 点加入 $f=1$ kHz 正弦信号 u_i，输出端用示波器监视输出波形，反复调整 R_w 及信号源的输出幅度，使在示波器的屏幕上得到一个最大不失真输出波形，然后置 $u_i=0$，用直流电压表测量晶体管各电极的对地电位，将测得数据记入表 17－1。

表 17－1

U_E/V	U_B/V	U_C/V	I_E/mA

在下面整个测试过程中应保持 R_w 值不变（即保持静工作点 I_E 不变）。

2. 测量电压放大倍数 A_u

接入负载 $R_L=1$ kΩ，在 B 点加 $f=1$ kHz 正弦信号 u_i，调节输入信号幅度，用示波器观察输出波形 u_o，在输出最大不失真情况下，用交流毫伏表测 U_i、U_L 值，记入表 17－2。

表 17－2

U_i/V	U_L/V	A_u

3. 测量输出电阻 R_o

接上负载 $R_L=1$ kΩ，在 B 点加 $f=1$ kHz 正弦信号 u_i，用示波器监视输出波形，测空载输出电压 U_o，有负载时输出电压 U_L，记入表 17－3。

表 17－3

U_o/V	U_L/V	$R_o/kΩ$

4. 测量输入电阻 R_i

在 A 点加 $f=1$ kHz 的正弦信号 u_s，用示波器监视输出波形，用交流毫伏表分别测出

A、B 点的对地电位 U_s、U_i，记入表 17 - 4。

表 17 - 4

U_s/V	U_i/V	R_i/kΩ

5. 测试跟随特性

接入负载 $R_L=1\ \text{k}\Omega$，在 B 点加入 $f=1\ \text{kHz}$ 正弦信号 u_i，逐渐增大信号 u_i 的幅度，用示波器监视输出波形直至输出波形达最大不失真，测量对应的 U_L 值，记入表 17 - 5。

表 17 - 5

U_i/V	
U_L/V	

6. 测试频率响应特性

保持输入信号 u_i 幅度不变，改变信号源频率，用示波器监视输出波形，用交流毫伏表测量不同频率下输出电压 U_L 的值，记入表 17 - 6。

表 17 - 6

f/kHz	
U_L/V	

五、实验注意事项

（1）复习射极跟随器的工作原理。

（2）根据图 17 - 2 的元件参数值估算静态工作点，并画出交、直流负载线。

六、实验报告

（1）整理实验数据，并画出曲线 $U_L=f(U_i)$ 及曲线 $U_L=f(f)$。

（2）分析射极跟随器的性能和特点。

实验 18 差 动 放 大 器

一、实验目的

（1）加深对差动放大器性能及特点的理解。

（2）学习差动放大器主要性能指标的测试方法。

二、实验原理

图 18 - 1 是差动放大器的基本结构，它由两个元件参数相同的基本共射放大电路组成。当开关 S 拨向左边时，构成典型的差动放大器。调零电位器 R_P 用来调节 V_1、V_2 管的静态

工作点，使得输入信号 $U_i=0$ 时，双端输出电压 $U_o=0$。R_E 为两管共用的发射极电阻，它对差模信号无负反馈作用，因而不影响差模电压放大倍数，但对共模信号有较强的负反馈作用，故可以有效地抑制零漂，稳定静态工作点。

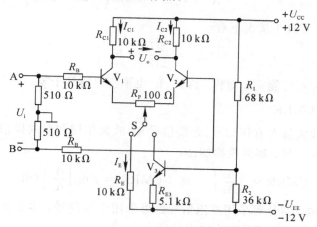

图 18-1 差动放大器实验电路

当开关 S 拨向右边时，构成具有恒流源的差动放大器。它用晶体管恒流源代替发射极电阻 R_E，可以进一步提高差动放大器抑制共模信号的能力。

1. 静态工作点的估算

典型电路：

$$I_E \approx \frac{|U_{EE}|-U_{BE}}{R_E} \quad (\text{认为 } U_{B1}=U_{B2}\approx 0)$$

$$I_{C1}=I_{C2}=\frac{1}{2}I_E$$

恒流源电路：

$$I_{C3} \approx I_{E3} \approx \frac{\dfrac{R_2}{R_1+R_2}(U_{CC}+|U_{EE}|)-U_{BE}}{R_{E3}}$$

$$I_{C1}=I_{C2}=\frac{1}{2}I_{C3}$$

2. 差模电压放大倍数和共模电压放大倍数

当差动放大器的射极电阻 R_E 足够大，或采用恒流源电路时，差模电压放大倍数 A_d 由输出端的方式决定，而与输入方式无关。

双端输出（$R_E=\infty$，R_P 在中心位置时）：

$$A_d=\frac{\Delta U_o}{\Delta U_i}=-\frac{\beta R_C}{R_B+r_{be}+\dfrac{1}{2}(1+\beta)R_P}$$

单端输出：

$$A_{d1}=\frac{\Delta U_{C1}}{\Delta U_i}=\frac{1}{2}A_d$$

$$A_{d2}=\frac{\Delta U_{C2}}{\Delta U_i}=-\frac{1}{2}A_d$$

当输入共模信号时，若为单端输出，则有

$$A_{C1} = A_{C2} = \frac{\Delta U_{C1}}{\Delta U_i} = \frac{-\beta B_C}{R_B + r_{be} + (1+\beta)\left(\frac{1}{2}R_P + 2R_E\right)} \approx -\frac{R_C}{2R_E}$$

若为双端输出，在理想情况下有

$$A_C = \frac{\Delta U_o}{\Delta U_i} = 0$$

实际上由于元件不可能完全对称，因此 A_C 也不会绝对等于零。

3. 共模抑制比 CMRR

为了表征差动放大器对有用信号（差模信号）的放大作用和对共模信号的抑制能力，通常用一个综合指标来衡量，即共模抑制比：

$$\text{CMRR} = \left|\frac{A_d}{A_C}\right| \quad \text{或} \quad \text{CMRR} = 20\lg\left|\frac{A_d}{A_C}\right| \ (\text{dB})$$

差动放大器的输入信号可采用直流信号也可采用交流信号，本实验由函数信号发生器提供频率 $f = 1\ \text{kHz}$ 的正弦信号作为输入信号。

三、实验设备

(1) $\pm 12\ \text{V}$ 直流电源。

(2) 函数信号发生器。

(3) 双踪示波器。

(4) 交流毫伏表。

(5) 直流电压表。

(6) 晶体三极管 3DG6×3，要求 V_1、V_2 管特性参数一致。9011×3 电阻器、电容器若干。

四、实验内容

典型差动放大器性能测试。按图 18-1 连接实验电路，开关 S 拨向左边时构成典型的差动放大器。

1. 测量静态工作点

(1) 调节放大器零点。信号源不接入，将放大器输入端 A、B 与地短接，接通 $\pm 12\ \text{V}$ 直流电源，用直流电压表测量输出电压 U_o，调节调零电位器 R_P，使 $U_o = 0$。调节时要仔细，力求准确。

(2) 测量静态工作点。零点调好以后，用直流电压表测量 V_1、V_2 管各电极电位及射极电阻 R_E 两端的电压 U_{RE}，记入表 18-1。

表 18-1

测量值	U_{C1}/V	U_{B1}/V	U_{E1}/V	U_{C2}/V	U_{B2}/V	U_{E2}/V	U_{RE}/V
计算值	I_C/mA			I_B/mA			U_{CE}/V

2. 测量差模电压放大倍数

断开直流电源，将函数信号发生器的输出端接放大器输入 A 端，地端接放大器输入 B 端构成单端输入方式，调节输入信号为频率 $f=1$ kHz 的正弦信号，并使输出旋钮旋至零，用示波器监视输出端(集电极 C_1 或 C_2 与地之间)。

接通 ±12 V 直流电源，逐渐增大输入电压 U_i(约 100 mV)，在输出波形无失真的情况下，用交流毫伏表测 U_i、U_{C1}、U_{C2}，记入表 18-2 中，并观察 u_i、u_{C1}、u_{C2} 之间的相位关系及 U_{RE} 随 U_i 改变而变化的情况。

3. 测量共模电压放大倍数

将放大器 A、B 短接，信号源接 A 端与地之间，构成共模输入方式。调节输入信号 $f=1$ kHz，$U_i=1$ V，在输出电压无失真的情况下，测量 U_{C1}、U_{C2} 之值并记入表 18-2，观察 u_i、u_{C1}、u_{C2} 之间的相位关系及 U_{RE} 随 U_i 改变而变化的情况。

表 18-2

	典型差动放大电路		具有恒流源差动放大电路	
	单端输入	共模输入	单端输入	共模输入
U_i	100 mV	1 V	100 mV	1 V
U_{C1}/V				
U_{C2}/V				
$A_{d1}=\dfrac{U_{C1}}{U_i}$		/		/
$A_d=\dfrac{U_o}{U_i}$		/		/
$A_{C1}=\dfrac{U_{C1}}{U_i}$	/		/	
$A_C=\dfrac{U_o}{U_i}$	/		/	
$CMRR=\left\|\dfrac{A_{d1}}{A_{C1}}\right\|$				

4. 具有恒流源的差动放大电路性能测试

将图 18-1 电路中的开关 S 拨向右边，即构成具有恒流源的差动放大电路。重复实验内容 2、3 的要求，记入表 18-2。

五、实验注意事项

(1) 根据实验电路参数，估算典型差动放大器和具有恒流源的差动放大器的静态工作点及差模电压放大倍数（取 $\beta_1=\beta_2=100$）。

（2）测量静态工作点时，放大器输入端 A、B 与地应如何连接？

（3）实验中怎样获得双端和单端输入差模信号？怎样获得共模信号？画出 A、B 端与信号源之间的连接图。

（4）怎样进行静态调零点？用什么仪表测 U_o？

（5）怎样用交流毫伏表测双端输出电压 U_o？

六、实验报告

（1）整理实验数据，列表比较实验结果和理论估算值，分析误差原因。

① 静态工作点和差模电压放大倍数。

② 典型差动放大电路单端输出时的 CMRR 实测值与理论值比较。

③ 典型差动放大电路单端输出时的 CMRR 实测值与具有恒流源的差动放大器 CMRR 实测值的比较。

（2）比较 u_i、u_{C1} 和 u_{C2} 之间的相位关系。

（3）根据实验结果，总结电阻 R_E 和恒流源的作用。

实验 19　集成运算放大器的基本应用
——模拟运算电路

一、实验目的

（1）研究由集成运算放大器组成的比例、加法、减法和积分等基本运算电路的功能。

（2）了解运算放大器在实际应用时应考虑的一些问题。

二、实验原理

集成运算放大器是一种具有高电压放大倍数的直接耦合多级放大电路。当外部接入不同的线性或非线性元件组成输入和负反馈电路时，可以灵活地实现各种特定的函数关系。在线性应用方面，可组成比例、加法、减法、积分、微分、对数等模拟运算电路。

在大多数情况下，将运放视为理想运放，就是将运放的各项技术指标理想化，满足下列条件的运算放大器称为理想运放。

开环电压增益：$A_u d=\infty$；

输入阻抗：$r_i=\infty$；

输出阻抗：$r_o=0$；

带宽：$f_{BW}=\infty$。

失调与漂移均为零等。

理想运放在线性应用时有两个重要特性：

（1）输出电压 U_o 与输入电压之间满足关系式

$$U_o = A_{ud}(U_+ - U_-)$$

由于 $A_{ud}=\infty$，而 U_o 为有限值，因此，$U_+ - U_- \approx 0$，即 $U_+ \approx U_-$，称为"虚短"。

（2）由于 $r_i = \infty$，故流进运放两个输入端的电流可视为零，即 $I_{IB} = 0$，称为"虚断"。这说明运放对其前级吸取电流极小。

上述两个特性是分析理想运放应用电路的基本原则，可简化运放电路的计算。下面介绍几种基本运算电路。

1. 反相比例运算电路

反相比例运算电路如图 19-1 所示。对于理想运放，该电路的输出电压与输入电压之间的关系为

$$U_o = -\frac{R_F}{R_1} U_i$$

为了减小输入级偏置电流引起的运算误差，在同相输入端应接入平衡电阻 $R_2 = R_1 /\!/ R_F$。

2. 反相加法电路

反相加法电路如图 19-2 所示，输出电压与输入电压之间的关系为

$$U_o = -\left(\frac{R_F}{R_1} U_{i1} + \frac{R_F}{R_2} U_{i2}\right), \quad R_3 = R_1 /\!/ R_2 /\!/ R_F$$

3. 同相比例运算电路

图 19-3(a) 是同相比例运算电路，它的输出电压与输入电压之间的关系为

$$U_o = \left(1 + \frac{R_F}{R_1}\right) U_i$$

$$R_2 = R_1 /\!/ R_F$$

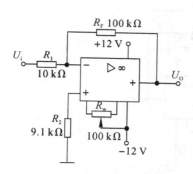

图 19-1　反相比例运算电路　　　　图 19-2　反相加法运算电路

当 $R_1 \to \infty$ 时，$U_o = U_i$，即得到如图 19-3(b) 所示的电压跟随器，图中 $R_2 = R_F$，用于减小漂移和起保护作用。一般 R_F 取 10 kΩ，R_F 太小起不到保护作用，太大则影响跟随性。

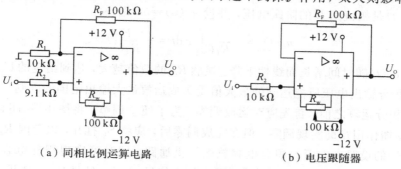

（a）同相比例运算电路　　　　　　（b）电压跟随器

图 19-3　同相比例运算电路

4. 差动放大电路（减法器）

对于图 19-4 所示的减法运算电路，当 $R_1=R_2$，$R_3=R_F$ 时，有如下关系式

$$U_o = \frac{R_F}{R_1}(U_{i2}-U_{i1})$$

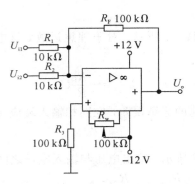

图 19-4　减法运算电路

5. 积分运算电路

反相积分运算电路如图 19-5 所示。在理想化条件下，输出电压 u_o 等于

$$u_o(t) = -\frac{1}{R_1 C}\int_0^t u_i \mathrm{d}u + u_C(0)$$

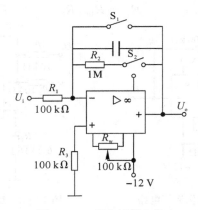

图 19-5　积分运算电路

式中，$u_C(0)$ 是 $t=0$ 时刻电容 C 两端的电压值，即初始值。

如果 $u_i(t)$ 是幅值为 E 的阶跃电压，并设 $u_C(0)=0$，则

$$u_o(t) = -\frac{1}{R_1 C}\int_0^t E\mathrm{d}t = -\frac{E}{R_1 C}t$$

即输出电压 $u_o(t)$ 随时间增长而线性下降。显然 R_C 的数值越大，达到给定的 U_o 值所需的时间就越长。积分输出电压所能达到的最大值受集成运放最大输出范围的限制。

在进行积分运算之前，首先应对运放调零。为了便于调节，将图中 S_1 闭合，即通过电阻 R_2 的负反馈作用帮助实现调零。但在完成调零后，应将 S_1 打开，以免因 R_2 的接入造成积分误差。S_2 的设置一方面为积分电容放电提供通路，同时可实现积分电容初始电压 u_C $(0)=0$，另一方面，可控制积分起始点，即在加入信号 u_i 后，只要 S_2 一打开，电容就将被

恒流充电，电路即开始进行积分运算。

三、实验设备

（1）±12 V 直流电源。

（2）函数信号发生器。

（3）交流毫伏表。

（4）直流电压表。

（5）集成运算放大器 μA741×1，电阻器、电容器若干。

四、实验内容

实验前要看清运放组件各管脚的位置，切忌正、负电源极性接反和输出端短路，否则将会损坏集成块。

1. 反相比例运算电路

（1）按图 19-1 连接实验电路，接通±12 V 电源，输入端对地短路，进行调零和消振。

（2）输入 $f=100$ Hz，$U_i=0.5$V 的正弦交流信号，测量相应的 U_o，并用示波器观察 u_o 和 u_i 的相位关系，记入表 19-1。

表 19-1 $\qquad U_i=0.5$V，$f=100$ Hz

U_i/V	U_o/V	u_i 波形	u_o 波形	A_u	
				实测值	计算值

2. 同相比例运算电路

（1）按图 19-3(a) 连接实验电路。实验步骤同实验内容 1，将结果记入表 19-2。

（2）将图 19-3(a) 中的 R_1 断开，得到如图 19-3(b) 所示电路，重复实验内容 1。

表 19-2 $\qquad U_i=0.5$ V，$\quad f=100$ Hz

U_i/V	U_o/V	u_i 波形	u_o 波形	A_u	
				实测值	计算值

3. 反相加法运算电路

（1）按图 19-2 连接实验电路，进行调零和消振。

（2）输入信号采用直流信号，图 19-6 所示电路为简易可调直流信号源，由实验者自行完成。实验时要注意选择合适的直流信号幅度以确保集成运放工作在线性区。用直流电压表测量输入电压 U_{i1}、U_{i2} 及输出电压 U_o，记入表 19-3。

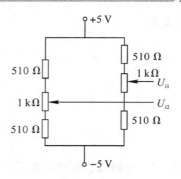

图 19-6 简易可调直流信号源

表 19-3

U_{i1}/V					
U_{i2}/V					
U_o/V					

4. 减法运算电路

(1) 按图 19-4 连接实验电路，进行调零和消振。

(2) 采用直流输入信号，实验步骤同实验内容 3，记入表 19-4。

表 19-4

U_{i1}/V					
U_{i2}/V					
U_o/V					

5. 积分运算电路

实验电路如图 19-5 所示。

(1) 打开 S_2，闭合 S_1，对运放输出进行调零。

(2) 调零完成后，再打开 S_1，闭合 S_2，使 $u_C(0)=0$。

(3) 预先调好直流输入电压 $U_i=0.5$ V，接入实验电路，再打开 S_2，然后用直流电压表测量输出电压 U_o，每隔 5 秒读一次 U_o，记入表 19-5，直到 U_o 不再继续明显增大为止。

表 19-5

t/s	0	5	10	15	20	25	30	...
U_o/V								

五、实验注意事项

(1) 复习集成运放线性应用部分内容，并根据实验电路参数计算各电路输出电压的理论值。

(2) 在反相加法器中，如 U_{i1} 和 U_{i2} 均采用直流信号，并选定 $U_{i2}=-1$V，当考虑到运算

放大器的最大输出幅度(± 12 V)时，$|U_{i1}|$的大小不应超过多少伏？

（3）在积分电路中，如 $R_1 = 100$ kΩ，$C = 4.7$ μF 时，求时间常数。假设 $U_i = 0.5$ V，问要使输出电压 U_o 达到 5 V，需多长时间（设 $u_C(0) = 0$）？

（4）为了不损坏集成块，实验中应注意哪些问题？

六、实验报告

（1）整理实验数据，画出波形图（注意波形间的相位关系）。

（2）将理论计算结果和实测数据相比较，分析产生误差的原因。

（3）分析讨论实验中出现的现象和问题。

实验 20　低频功率放大器（Ⅰ）
——OTL 功率放大器

一、实验目的

（1）进一步理解 OTL 功率放大器的工作原理。

（2）学会 OTL 电路的调试及主要性能指标的测试方法。

二、实验原理

图 20-1 所示为 OTL 低频功率放大器。其中，由晶体三极管 V_1 组成推动级（也称前置放大级），V_2、V_3 是一对参数对称的 NPN 和 PNP 型晶体三极管，它们组成互补推挽 OTL 功放电路。由于每一个管子都接成射极输出器形式，因此具有输出电阻低、负载能力强等优点，适合作功率输出级。V_1 管工作于甲类状态，它的集电极电流 I_{C1} 由电位器 R_{w1} 进行调节。I_{C1} 的一部分流经电位器 R_{w2} 及二极管 VD，给 V_2、V_3 提供偏压。调节 R_{w2}，可以使 V_2、V_3 得到合适的静态电流而工作于甲、乙类状态，以克服交越失真。静态时要求输出端中点A 的电位 $U_A = \frac{1}{2}U_{CC}$，可以通过调节 R_{w1} 来实现，又由于 R_{w1} 的一端接在 A 点，因此在电路中引入交、直流电压并联负反馈，一方面能够稳定放大器的静态工作点，同时也改善了非线性失真。

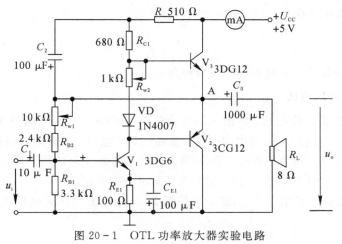

图 20-1　OTL 功率放大器实验电路

当输入正弦交流信号 u_i 时，经 V_1 放大、倒相后同时作用于 V_2、V_3 的基极，u_i 的负半周使 V_2 管导通（V_3 管截止），有电流通过负载 R_L，同时向电容 C_0 充电，在 u_i 的正半周，V_3 导通（V_2 截止），则已充好电的电容器 C_0 起着电源的作用，通过负载 R_L 放电，这样在 R_L 上就得到完整的正弦波。

C_2 和 R 构成自举电路，用于提高输出电压正半周的幅度，以得到大的动态范围。

OTL 电路的主要性能指标如下所述。

（1）最大不失真输出功率 P_{om}。理想情况下，$P_{om} = \dfrac{1}{8} \dfrac{U_{CC}^2}{R_L}$，在实验中可通过测量 R_L 两端的电压有效值，来求得实际的 $P_{om} = \dfrac{U_o^2}{R_L}$。

（2）效率 η。

$$\eta = \frac{P_{om}}{P_E} \times 100\%$$

式中，P_E——直流电源供给的平均功率。

理想情况下，$\eta_{max} = 78.5\%$。在实验中，可测量电源供给的平均电流 I_{DC}，从而求得 $P_E = U_{CC} \cdot I_{DC}$，负载上的交流功率已用上述方法求出，因而就可以计算实际效率了。

（3）频率响应。详见实验 15 有关部分内容。

（4）输入灵敏度。输入灵敏度是指输出最大不失真功率时，输入信号 U_i 之值。

三、实验设备

（1）+5 V 直流电源。

（2）直流电压表。

（3）函数信号发生器。

（4）直流毫安表。

（5）双踪示波器。

（6）频率计。

（7）交流毫伏表。

（8）晶体三极管 3DG6（9011）3DG12（9013），3CG12（9012）晶体二极管 1N4007，8Ω 扬声器、电阻器、电容器若干。

四、实验内容

在整个测试过程中，电路不应有自激现象。

1. 静态工作点的测试

按图 20-1 连接实验电路，将输入信号旋钮旋至零（$u_i = 0$），电源进线中串入直流毫安表，电位器 R_{w2} 置最小值，R_{w1} 置中间位置。接通 +5 V 电源，观察毫安表指示，同时用手触摸输出级管子，若电流过大，或管子温升显著，应立即断开电源检查原因（如 R_{w2} 开路，电路自激，或输出管性能不好等）。如无异常现象，可开始调试。

（1）调节输出端中点电位 U_A。调节电位器 R_{w1}，用直流电压表测量 A 点电位，使 $U_A = \dfrac{1}{2} U_{CC}$。

（2）调整输出极静态电流及测试各级静态工作点。调节 R_{w2}，使 V_2、V_3 管的 $I_{C2}=I_{C3}=5\sim10\,\text{mA}$。从减小交越失真角度而言，应适当加大输出极静态电流，但该电流过大，会使效率降低，所以一般以 $5\sim10\,\text{mA}$ 左右为宜。由于毫安表串在电源进线中，因此测得的是整个放大器的电流，但一般 V_1 的集电极电流 I_{C1} 较小，从而可以把测得的总电流近似当作末级的静态电流。如要准确得到末级静态电流，则可从总电流中减去 I_{C1} 之值。

调整输出级静态电流的另一方法是动态调试法。先使 $R_{w2}=0$，在输入端接入 $f=1\,\text{kHz}$ 的正弦信号 u_i。逐渐加大输入信号的幅值，此时，输出波形应出现较严重的交越失真（注意：没有饱和和截止失真），然后缓慢增大 R_{w2}，当交越失真刚好消失时，停止调节 R_{w2}，恢复 $u_i=0$，此时直流毫安表读数即为输出级静态电流。一般数值也应在 $5\sim10\,\text{mA}$ 左右，如过大，则要检查电路。

输出极电流调好以后，测量各级静态工作点，记入表 20-1。

表 20-1　　　　　　　　　　　　　　$I_{C2}=I_{C3}=$　　mA, $U_A=2.5\text{V}$

	V_1	V_2	V_3
U_B/V			
U_C/V			
U_E/V			

注意：

① 在调整 R_{w2} 时，一是要注意旋转方向，不要调得过大，更不能开路，以免损坏输出管。

② 调好输出管静态电流，如无特殊情况，不得随意旋动 R_{w2} 的位置。

2. 最大输出功率 P_{om} 和效率 η 的测试

（1）测量 P_{om}。输入端接 $f=1\,\text{kHz}$ 的正弦信号 u_i，输出端用示波器观察输出电压 u_o 波形。逐渐增大 u_i，使输出电压达到最大不失真输出，用交流毫伏表测出负载 R_L 上的电压 U_{om}，则 $P_{om}=\dfrac{U_{om}^2}{R_L}$。

（2）测量 η。当输出电压为最大不失真输出时，读出直流毫安表中的电流值，此电流即为直流电源供给的平均电流 I_{DC}（有一定误差），由此可近似求得 $P_E=U_{CC}I_{DC}$，再根据上面测得的 P_{om}，即可求出 $\eta=\dfrac{P_{om}}{P_E}$。

3. 输入灵敏度测试

根据输入灵敏度的定义，只要测出输出功率 $P_o=P_{om}$ 时的输入电压值 U_i 即可计算灵敏度。

4. 频率响应的测试

频率响应测试方法同实验15，将测得的数据记入表 20-2。

表 20 – 2 $\qquad$ $U_i =$ $\qquad$ mV

			f_L	f_0	f_H				
f/Hz				1000					
U_o/V									
A_u									

在测试时，为保证电路的安全，应在较低电压下进行，通常取输入信号为输入灵敏度的 50%。在整个测试过程中，应保持 U_i 为恒定值，且输出波形不得失真。

5. 研究自举电路的作用

（1）测量有自举电路，且 $P_o = P_{o\max}$ 时的电压增益 $A_u = \dfrac{U_{om}}{U_i}$。

（2）将 C_2 开路，R 短路（无自举），再测量 $P_o = P_{o\max}$ 的 A_u。用示波器观察（1）、（2）两种情况下的输出电压波形，并将以上两项测量结果进行比较，分析、研究自举电路的作用。

6. 噪声电压的测试

测量时将输入端短路（$u_i = 0$），观察输出噪声的波形，并用交流毫伏表测量输出电压，即为噪声电压 U_N。本电路若 $U_N < 15$ mV，即满足要求。

7. 试听

将输入信号改为录音机输出，输出端接试听音箱及示波器。开机试听，并观察语言和音乐信号的输出波形。

五、实验注意事项

（1）复习有关 OTL 工作原理的部分内容。

（2）为什么引入自举电路能够扩大输出电压的动态范围？

（3）交越失真产生的原因是什么？怎样克服交越失真？

（4）电路中电位器 R_{w2} 如果开路或短路，对电路工作有何影响？

（5）为了不损坏输出管，调试中应注意什么问题？

（6）如电路中有自激现象，应如何消除？

六、实验报告

（1）整理实验数据，计算静态工作点、最大不失真输出功率 P_{om}、效率 η 等，并与理论值进行比较。画出频率响应曲线。

（2）分析自举电路的作用。

（3）讨论实验中发生的问题及解决办法。

实验 21　低频功率放大器（Ⅱ）
——集成功率放大器

一、实验目的

（1）了解功率放大集成器的应用。

（2）学习集成功率放大器基本技术指标的测试。

二、实验原理

集成功率放大器由集成功放块和一些外部阻容元件构成。它具有线路简单、性能优越、工作可靠、调试方便等优点，已经成为音频领域中应用十分广泛的功率放大器。

电路中最主要的组件为集成功放块，它的内部电路与一般分立元件功率放大器不同，通常包括前置级、推动级和功率级等几部分，有些还具有一些特殊功能（消除噪声、短路保护等）的电路，其电压增益较高（不加负反馈时，电压增益达 70～80 dB，加典型负反馈时电压增益在 40 dB 以上）。

集成功放块的种类很多，本实验采用的集成功放块型号为 LA4112，它的内部电路如图 21-1 所示，由三级电压放大、一级功率放大以及偏置、恒流、反馈、退耦电路组成。

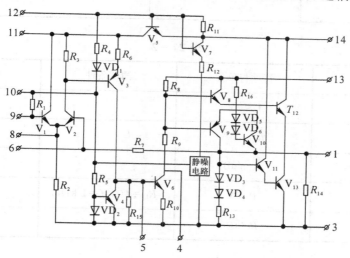

图 21-1　LA4112 内部电路图

（1）电压放大级。第一级选用由 V_1 和 V_2 管组成的差动放大器，这种直接耦合的放大器零漂较小，第二级的 V_3 管完成直接耦合电路中的电平移动，V_4 是 V_3 管的恒流源负载，以获得较大的增益；第三级由 V_6 管等组成，此级增益最高，为防止出现自激振荡，需在该管的 B、C 极之间外接消振电容。

（2）功率放大级。由 $V_8 \sim V_{13}$ 等组成复合互补推挽电路。为提高输出级增益和正向输出幅度，需外接"自举"电容。

（3）偏置电路。为建立各级合适的静态工作点而设立。

除上述主要部分外，为了使电路正常工作，还需要和外部元件一起构成反馈电路来稳定和控制增益。同时，还设有退耦电路来消除各级间的不良影响。

LA4112 集成功放块是一种塑料封装十四脚的双列直插器件，它的外形如图 21-2 所示，其极限参数和电参数如表 20-1 和表 20-2 所示。

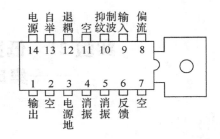

图 21-2 LA4112 外形及管脚排列图

与 LA4112 集成功放块技术指标相同的国内外产品还有 FD403、FY4112、D4112 等，可以互相替代使用。

表 21-1

参　　数	符号与单位	额　定　值
最大电源电压	U_{CCmax}/V	13（有信号时）
允许功耗	P_o/W	1.2
		2.25（50×50 mm² 铜箔散热片）
工作温度	$T_{opr}/℃$	$-20 \sim +70$

表 21-2

参　　数	符号与单位	测试条件	典　型　值
工作电压	U_{CC}/V		9
静态电流	I_{CCQ}/mA	$U_{CC}=9V$	15
开环电压增益	A_{uO}/dB		70
输出功率	P_o/W	$R_L=4\Omega, f=1$ kHz	1.7
输入阻抗	$R_i/k\Omega$		20

集成功率放大器 LA4112 的应用电路如图 21-3 所示，该电路中各电容和电阻的作用简要说明如下：

C_1、C_9——输入、输出耦合电容，隔直流作用。

C_2 和 R_f——反馈元件，决定电路的闭环增益。

C_3、C_4、C_8——滤波、退耦电容。

C_5、C_6、C_{10}——消振电容，消除寄生振荡。

C_7——自举电容，若无此电容，将出现输出波形半边被削波的现象。

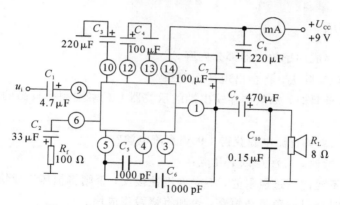

图 21-3 由 LA4112 构成的集成功放实验电路

三、实验设备

(1) +9 V 直流电源。

(2) 函数信号发生器。

(3) 双踪示波器。

(4) 交流毫伏表。

(5) 直流电压表。

(6) 电流毫安表。

(7) 频率计。

(8) 集成功放块 LA4112。

(9) 8Ω 扬声器，电阻器、电容器若干。

四、实验内容

按图 21-3 连接实验电路，输入端接函数信号发生器，输出端接扬声器。

1. 静态测试

将输入信号旋钮旋至零，接通 +9 V 直流电源，测量静态总电流及集成块各引脚的对地电压，记入自拟表格中。

2. 动态测试

(1) 最大输出功率。

① 接入自举电容 C_7。输入端接 1 kHz 正弦信号，输出端用示波器观察输出电压波形，逐渐加大输入信号幅度，使输出电压为最大不失真输出，用交流毫伏表测量此时的输出电压 U_{om}，则最大输出功率为

$$P_{om} = \frac{U_{om}^2}{R_L}$$

② 断开自举电容 C_7。观察输出电压波形变化情况。

(2) 输入灵敏度。要求 $U_i < 100$ mV，测试方法同实验 20。

(3) 频率响应。测试方法同实验 15。

(4) 噪声电压。要求 $U_N < 2.5$ mV，测试方法同实验 20。

五、实验注意事项

（1）复习有关集成功率放大器部分内容。

（2）若将电容 C_7 除去，将会出现什么现象？

（3）若无输入信号时，却从接在输出端的示波器上观察到频率较高的波形，是否正常？如何消除？

（4）如何由 $+12\ \text{V}$ 直流电源获得 $+9\ \text{V}$ 直流电源？

（5）进行本实验时，应注意以下几点：

① 电源电压不允许超过极限值，不允许极性接反，否则将损坏集成块。

② 电路工作时绝对避免负载短路，否则将烧毁集成块。

③ 接通电源后，时刻注意集成块的温度，有时未加输入信号集成块就发热过甚，同时直流毫安表指示较大电流及示波器显示出幅度较大、频率较高的波形，说明电路有自激现象，应立即关机，然后进行故障分析、处理。待自激振荡消除后，才能重新进行实验。

④ 输入信号不要过大。

六、实验报告

（1）整理实验数据，并进行分析。

（2）画出频率响应曲线

（3）讨论实验中发生的问题及解决办法。

实验 22　直流稳压电源
——串联型晶体管稳压电源

一、实验目的

（1）研究单相桥式整流、电容滤波电路的特性。

（2）掌握串联型晶体管稳压电源主要技术指标的测试方法。

二、实验原理

电子设备一般都需要直流电源供电，这些直流电除了少数直接利用干电池和直流发电机外，大多数是采用把交流电（市电）转变为直流电的直流稳压电源。

直流稳压电源由电源变压器、整流电路、滤波电路和稳压电路四部分组成，其原理框图如图 22-1 所示。电网供给的交流电压 u_1（220 V，50 Hz）经电源变压器降压后，得到符合电路需要的交流电压 u_2，然后由整流电路变换成方向不变、大小随时间变化的脉动电压 u_3，再用滤波器滤去其交流分量，就可得到比较平直的直流电压 u_1。但这样的直流输出电压还会随交流电网电压的波动或负载的变动而变化，因此在对直流供电要求较高的场合，还需要使用稳压电路，以保证输出的直流电压更加稳定。

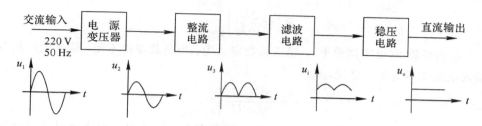

图 22-1　直流稳压电源框图

图 22-2 是由分立元件组成的串联型稳压电源的电路图，其整流部分为单相桥式整流、电容滤波电路；稳压部分为串联型稳压电路，由调整元件（晶体管 V_1）；比较放大器 V_2、R_7，取样电路 R_1、R_2、R_w，基准电压 D_w、R_3 和过流保护电路 V_3 管，以及电阻 R_4、R_5、R_6 等组成。整个稳压电路是一个具有电压串联负反馈的闭环系统，其稳压过程为：当电网电压波动或负载变动引起输出直流电压发生变化时，取样电路取出输出电压的一部分送入比较放大器，并与基准电压进行比较，产生的误差信号经 V_2 放大后送至调整管 V_1 的基极，使调整管改变其管压降，以补偿输出电压的变化，从而达到稳定输出电压的目的。

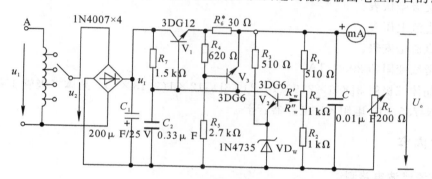

图 22-2　串联型稳压电源实验电路

由于在稳压电路中，调整管与负载串联，因此流过它的电流与负载电流一样大。当输出电流过大或发生短路时，调整管会因电流过大或电压过高而损坏，所以需要对调整管加以保护。在图 22-2 所示电路中，晶体管 V_3、R_4、R_5、R_6 组成减流型保护电路。此电路设计在 $I_{oP}=1.2I$ 时开始起保护作用，此时输出电流减小，输出电压降低。故障排除后电路应能自动恢复正常工作。在调试时，若保护作用提前，应减少 R_6 值；若保护作用延后，则应增大 R_6 之值。

稳压电源的主要性能指标如下：

（1）输出电压 U_o 和输出电压调节范围。

$$U_o = \frac{R_1 + R_w + R_2}{R_2 + R_w''}(U_Z + U_{BE2})$$

调节 R_w 可以改变输出电压 U_o。

（2）最大负载电流 I_{om}。

（3）输出电阻 R_o。输出电阻 R_o 定义为：输入电压 U_i（指稳压电路输入电压）保持不变，由于负载变化而引起的输出电压变化量与输出电流变化量之比，即

$$R_o = \frac{\Delta U_o}{\Delta I_o}\bigg|_{U_i=常数}$$

（4）稳压系数 S（电压调整率）。稳压系数定义为：当负载保持不变，输出电压相对变化量与输入电压相对变化量之比，即

$$S = \frac{\Delta U_o/U_o}{\Delta U_i/U_i}\bigg|_{R_L=常数}$$

由于工程上常把电网电压波动±10％作为极限条件，因此也有的将此时输出电压的相对变化 $\Delta U_o/U_o$ 作为衡量指标，称为电压调整率。

（5）纹波电压。输出纹波电压是指在额定负载条件下，输出电压中所含交流分量的有效值（或峰值）。

三、实验设备

（1）可调工频电源。

（2）双踪示波器。

（3）交流毫伏表。

（4）直流电压表。

（5）直流毫安表。

（6）滑线变阻器 200Ω/1A。

（7）晶体三极管 3DG6×2（9011×2）、3DG12×1（9013×1）。晶体二极管 1N4007×4，稳压管 1N4735×1，电阻器、电容器若干。

四、实验内容

1. 整流滤波电路测试

按图 22-3 所示连接实验电路。取可调工频电源电压为 16 V，作为整流电路的输入电压 u_2。

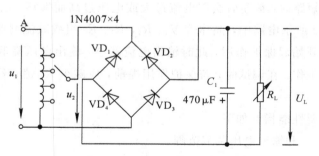

图 22-3　整流滤波电路

（1）取 $R_L=240\ \Omega$，不加滤波电容，测量直流输出电压 U_L 及纹波电压 $\tilde{U}_L$，并用示波器观察 u_2 和 u_L 波形，记入表 22-1。

（2）取 $R_L=240\ \Omega$，$C=470\ \mu F$，重复实验内容（1）的要求，记入表 22-1。

（3）取 $R_L=120\ \Omega$，$C=470\ \mu F$，重复实验内容（1）的要求，记入表 22-1。

表 22 - 1

$U_2 = 16$ V

电 路 形 式		U_L/V	$\tilde{U}_L/V$	u_L 波形
$R_L = 240\ \Omega$	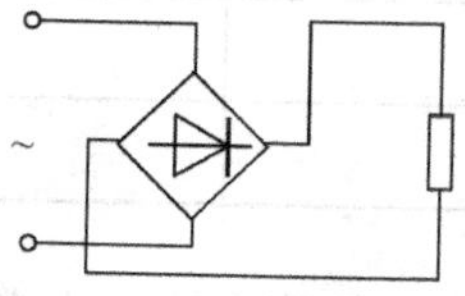			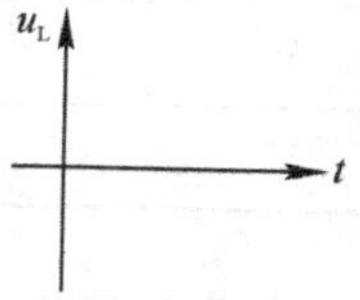
$R_L = 240\ \Omega$ $C = 470\ \mu F$	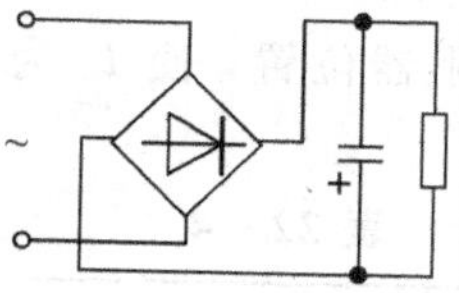			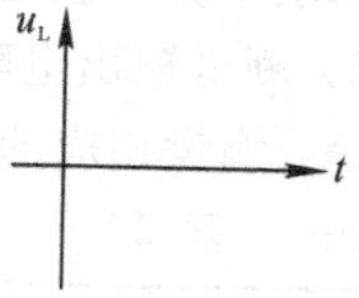
$R_L = 120\ \Omega$ $C = 470\ \mu F$	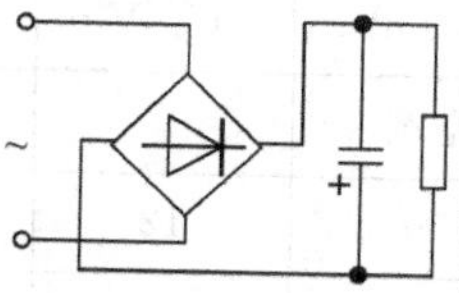			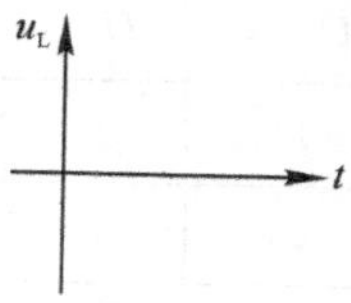

注意:

① 每次改接电路时,必须切断工频电源。

② 在观察输出电压 u_L 波形的过程中,"Y 轴灵敏度"旋钮位置调好以后,不要再变动,否则将无法比较各波形的波动情况。

2. 串联型稳压电源性能测试

切断工频电源,在图 22 - 3 的基础上按图 22 - 2 连接实验电路。

(1) 初测。稳压器输出端负载开路,断开保护电路,接通 16 V 工频电源,测量整流电路输入电压 U_2,滤波电路输出电压 U_i(稳压器输入电压)及输出电压 U_o。调节电位器 R_w,观察 U_o 的大小和变化情况,如果 U_o 能跟随 R_w 作线性变化,则说明稳压电路各反馈环路工作基本正常。否则,说明稳压电路有故障,因为稳压器是一个深负反馈的闭环系统,只要环路中任一个环节出现故障(某管截止或饱和),稳压器就会失去自动调节作用。此时可分别检查基准电压 U_Z、输入电压 U_i、输出电压 U_o,以及比较放大器和调整管各电极的电位(主要是 U_{BE} 和 U_{CE}),分析它们的工作状态是否都处在线性区,从而找出不能正常工作的原因。排除故障以后就可以进行下一步测试。

(2) 测量输出电压可调范围。接入并调节负载 R_L(滑线变阻器),使输出电流 $I_o \approx$ 100 mA。再调节电位器 R_w,测量输出电压可调范围 $U_{omin} \sim U_{omax}$,且使 R_w 动点在中间位置附近时 $U_o = 12$ V。若不满足要求,可适当调整 R_1、R_2 之值。

(3) 测量各级静态工作点。调节输出电压 $U_o = 12$ V,输出电流 $I_o = 100$ mA,测量各级静态工作点,记入表 22 - 2。

表 22 – 2　　　　　$U_2 = 16$ V，$U_o = 12$ V，　　$I_o = 100$ mA

	V_1	V_2	V_3
U_B/V			
U_C/V			
U_E/V			

（4）测量稳压系数 S。取 $I_o = 100$ mA，按表 22 – 3 改变整流电路输入电压 U_2（模拟电网电压波动），分别测出相应的稳压器输入电压 U_i 及输出直流电压 U_o，记入表 22 – 3。

（5）测量输出电阻 R_o。取 $U_2 = 16$V，改变滑线变阻器位置，使 I_o 为空载、50 mA 和 100 mA，测量相应的 U_o 值，记入表 22 – 4。

表 22 – 3　　　$I_o = 100$ mA

测试值			计算值
U_2/V	U_i/V	U_o/V	S
14			$S_{12} =$
16	12		
18			$S_{23} =$

表 22 – 4　　　$U_2 = 16$V

测试值		计算值
I_o/mA	U_o/V	R_o/Ω
空载		$R_{o12} =$
50	12	
100		$R_{o23} =$

（6）测量输出纹波电压。取 $U_2 = 16$ V，$U_o = 12$ V，$I_o = 100$ mA，测量输出纹波电压 $\tilde{U}_o$，记录之。

（7）调整过流保护电路。

① 断开工频电源，接上保护回路，再接通工频电源，调节 R_w 及 R_L 使 $U_o = 12$V，$I_o = 100$ mA，此时保护电路应不起作用。测出 V_3 管各极的电位值。

② 逐渐减小 R_L，使 I_o 增加到 120 mA，观察 U_o 是否下降，并测出保护起作用时 V_3 管各极的电位值。若保护作用过早或延迟，可改变 R_6 之值进行调整。

③ 用导线瞬时短接一下输出端，测量 U_o 值，然后去掉导线，检查电路是否能自动恢复正常工作。

五、实验注意事项

（1）复习书中有关分立元件稳压电源部分内容，并根据实验电路参数估算 U_o 的可调范围及 $U_o = 12$ V 时 V_1、V_2 管的静态工作点（假设调整管的饱和压降 $U_{CE1S} \approx 1$ V）。

（2）说明图 22 – 2 中 U_2、U_i、U_o 及 $\tilde{U}$ 的物理意义，并从实验仪器中选择合适的测量仪表。

（3）在桥式整流电路实验中，能否用双踪示波器同时观察 u_2 和 u_L 波形，为什么？

（4）在桥式整流电路中，如果某个二极管发生开路、短路或反接三种情况，将会出现什么问题？

（5）为了使稳压电源的输出电压 $U_o = 12$V，则其输入电压的最小值 U_{imin} 应等于多少？交流输入电压 U_{2min} 又怎样确定？

（6）当稳压电源输出不正常，或输出电压 U_o 不随取样电位器 R_w 而变化时，应如何进行检查，并找出故障所在？

（7）分析保护电路的工作原理。

（8）怎样提高稳压电源的性能指标（减小 S 和 R_o）？

六、实验报告

（1）对表 22-1 所测的结果进行全面分析，总结桥式整流、电容滤波电路的特点。

（2）根据表 22-3 和表 22-4 所测的数据，计算稳压电路的稳压系数 S 和输出电阻 R_o，并进行分析。

（3）分析讨论实验中出现的故障及其排除方法。

实验 23　组合逻辑电路的设计与测试

一、实验目的

掌握组合逻辑电路的设计与测试方法。

二、实验原理

（1）使用中、小规模集成电路设计组合逻辑电路是最常见的。设计组合逻辑电路的一般流程如图 23-1 所示。

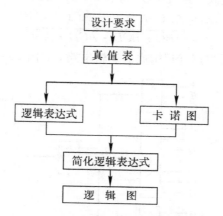

图 23-1　组合逻辑电路设计流程图

首先，根据设计任务的要求建立输入、输出变量，并列出真值表。其次，用逻辑代数或卡诺图化简法求出简化的逻辑表达式，并按实际选用逻辑门的类型修改逻辑表达式。再次，根据简化后的逻辑表达式画出逻辑图，用标准器件构建逻辑电路。最后，用实验来验证设计的正确性。

（2）组合逻辑电路设计举例。用"与非"门设计一个表决电路。当四个输入端中有三个或四个为"1"时，输出端才为"1"。

① 根据题意列出真值表，如表 23-1 所示，再填入卡诺图表 23-2 中。

表 23 – 1

D	0	0	0	0	0	0	0	0	1	1	1	1	1	1	1	1
A	0	0	0	0	1	1	1	1	0	0	0	0	1	1	1	1
B	0	0	1	1	0	0	1	1	0	0	1	1	0	0	1	1
C	0	1	0	1	0	1	0	1	0	1	0	1	0	1	0	1
Z	0	0	0	0	0	0	0	1	0	0	0	1	0	1	1	1

表 23 – 2

BC＼DA	00	01	11	10
00				
01			1	
11		1	1	1
10			1	

由卡诺图得出逻辑表达式，并演化成"与非"的形式，即

$$Z = ABC + BCD + ACD + ABD$$
$$= \overline{\overline{ABC} \cdot \overline{BCD} \cdot \overline{ACD} \cdot \overline{ABC}}$$

根据逻辑表达式画出用"与非门"构成的逻辑电路，如图 23 – 2 所示。

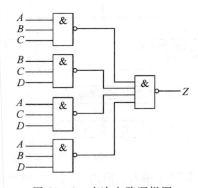

图 23 – 2　表决电路逻辑图

② 用实验验证逻辑功能。在实验装置的适当位置选定三个 14P 插座，按照集成块定位标记插好集成块 CC4012。

按图 23 – 2 接线，输入端 A、B、C、D 接至逻辑开关输出插口，输出端 Z 接逻辑电平显示输入插口。按真值表（自拟）要求，逐次改变输入变量，测量相应的输出值，验证逻辑功能，并与表 23 – 1 进行比较，验证所设计的逻辑电路是否符合要求。

三、实验设备

（1）+5 V 直流电源。

（2）逻辑电平开关。

（3）逻辑电平显示器。

（4）直流数字电压表。

（5）CC4011 × 2（74LS00），CC4012 × 3（74LS20），CC4030（74LS86），CC4081（74LS08），74LS54×2(CC4085)，CC4001（74LS02）。

四、实验内容

（1）设计用与非门、异或门、与门组成的半加器电路。要求按本文所述的设计步骤进行，直到测试电路逻辑功能符合设计要求为止。设计一个一位全加器，要求用异或门、与门、或门组成。

（2）设计一位全加器，要求用与门或非门实现。

（3）设计一个对两个两位无符号的二进制数进行比较的电路；根据第一个数是否大于、等于、小于第二个数，使相应的三个输出端中的一个输出为"1"。要求用与门、与非门、或非门实现。

五、实验注意事项

（1）根据实验任务要求设计组合电路，并根据所给的标准器件画出逻辑图。

（2）如何用最简单的方法验证"与或非"门的逻辑功能是否完好？

（3）"与或非"门中，当某一组与端不用时，应如何处理？

六、实验报告

（1）列写实验任务的设计过程，画出设计的电路图。

（2）对所设计的电路进行实验测试，记录测试结果。

注：四路 2—3—3—2 输入与或非门 74LS54 的引脚排列和逻辑图如图 23-3 所示。

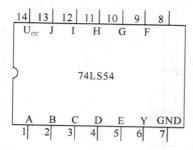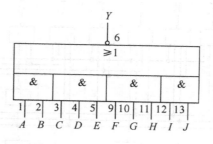

图 23-3　74LS54 引脚排列和逻辑图

74LS54 的逻辑表达式为

$$Y = \overline{A \cdot B + C \cdot D \cdot E + F \cdot G \cdot H + I \cdot J}$$

实验 24　译码器及其应用

一、实验目的

(1) 掌握中规模集成译码器的逻辑功能和使用方法。

(2) 熟悉数码管的使用。

二、实验原理

译码器是一个多输入、多输出的组合逻辑电路。它的作用是对给定的代码进行"翻译"而变成相应的状态，使输出通道中相应的一路有信号输出。译码器在数字系统中有广泛的用途，不仅用于代码的转换、终端的数字显示，还用于数据分配、存储器寻址和组合控制信号等。不同的功能可选用不同种类的译码器。

译码器可分为通用译码器和显示译码器两大类，前者又分为变量译码器和代码变换译码器。

1. 变量译码器

变量译码器(又称二进制译码器)，用于表示输入变量的状态，如 2 线 - 4 线、3 线 - 8 线和 4 线 - 16 线译码器。若有 n 个输入变量，则有 2^n 个不同的组合状态，同时有 2^n 个输出端供其使用。而每一个输出所代表的函数对应于 n 个输入变量的最小项。

以 3 线 - 8 线译码器 74LS138 为例进行分析，图 24 - 1(a)、(b)分别为其逻辑图及引脚排列。其中，A_2、A_1、A_0 为地址输入端，$\overline{Y}_0 \sim \overline{Y}_7$ 为译码输出端，S_1、$\overline{S}_2$、$\overline{S}_3$ 为使能端。表24 - 1 为 74LS138 的功能表。

当 $S_1 = 1$，$\overline{S}_2 + \overline{S}_3 = 0$ 时，器件使能，地址码所指定的输出端有信号(为 0)输出，其他所有输出端均无信号(全为 1)输出。当 $S_1 = 0$，$\overline{S}_2 + \overline{S}_3 = X$ 时，或 $S_1 = X$，$\overline{S}_2 + \overline{S}_3 = 1$ 时，译码器被禁止，所有输出同时为 1。

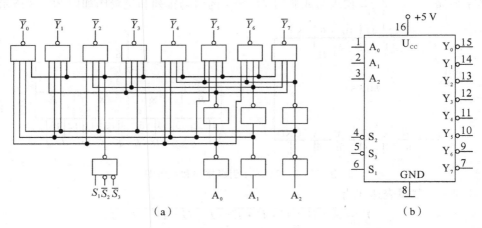

图 24 - 1　3 线 - 8 线译码器 74LS138 逻辑图及引脚排列

表 24-1

输入					输出							
S_1	$\overline{S}_2+\overline{S}_3$	A_2	A_1	A_0	$\overline{Y}_0$	$\overline{Y}_1$	$\overline{Y}_2$	$\overline{Y}_3$	$\overline{Y}_4$	$\overline{Y}_5$	$\overline{Y}_6$	$\overline{Y}_7$
1	0	0	0	0	0	1	1	1	1	1	1	1
1	0	0	0	1	1	0	1	1	1	1	1	1
1	0	0	1	0	1	1	0	1	1	1	1	1
1	0	0	1	1	1	1	1	0	1	1	1	1
1	0	1	0	0	1	1	1	1	0	1	1	1
1	0	1	0	1	1	1	1	1	1	0	1	1
1	0	1	1	0	1	1	1	1	1	1	0	1
1	0	1	1	1	1	1	1	1	1	1	1	0
0	×	×	×	×	1	1	1	1	1	1	1	1
×	1	×	×	×	1	1	1	1	1	1	1	1

  二进制译码器实际上也是负脉冲输出的脉冲分配器。若利用使能端中的一个输入端输入数据信息，器件就成为一个数据分配器(又称多路分配器)，如图 24-2 所示。若在 S_1 端输入数据信息，$\overline{S}_2=\overline{S}_3=0$，则地址码所对应的输出是 S_1 数据信息的反码；若从 $\overline{S}_2$ 端输入数据信息，令 $S_1=1$，$\overline{S}_3=0$，则地址码所对应的输出就是 $\overline{S}_2$ 端数据信息的原码。若数据信息是时钟脉冲，则数据分配器便成为时钟脉冲分配器。根据输入地址的不同组合译出唯一地址，故可用作地址译码器。若接成多路分配器，可将一个信号源的数据信息传输到不同的地点。

  二进制译码器还能方便地实现逻辑函数，如图 24-3 所示，实现的逻辑函数是 $Z=\overline{ABC}+\overline{A}B\,\overline{C}+A\,\overline{B}\,\overline{C}+ABC$。

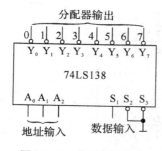

图 24-2　作数据分配器

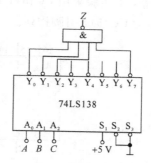

图 24-3　实现逻辑函数

利用使能端能方便地将两个 3/8 译码器组合成一个 4/16 译码器，如图 24-4 所示。

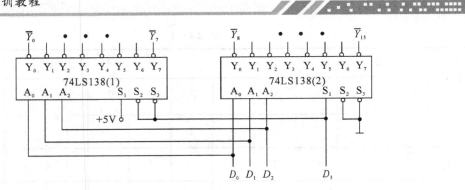

图 24 - 4　用两片 74LS138 组合成 4/16 译码器

2. 数码显示译码器

（1）七段发光二极管（LED）数码管。LED 数码管是目前最常用的数字显示器，图 24 - 5 (a)、(b)为共阴管和共阳管的电路，(c)为两种不同出现形式的符号引出脚功能图。

一个 LED 数码管可用来显示一位 0～9 十进制数和一个小数点。小型数码管（0.5 寸和 0.36 寸）每段发光二极管的正向压降随显示光（通常为红、绿、黄、橙色）的颜色不同略有差别，通常约为 2～2.5 V，每个发光二极管的点亮电流为 5～10 mA。LED 数码管要显示 BCD 码所表示的十进制数字还需要有一个专门的译码器，该译码器不但要完成译码功能，还要有相当的驱动能力。

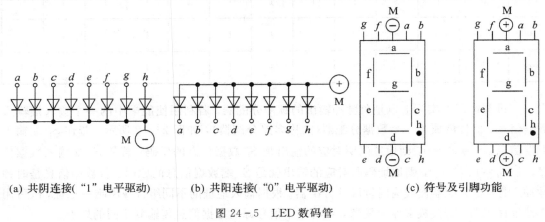

(a) 共阴连接（“1”电平驱动）　　(b) 共阳连接（“0”电平驱动）　　(c) 符号及引脚功能

图 24 - 5　LED 数码管

（2）BCD 码七段译码驱动器。此类译码器型号有 74LS47（共阳）、74LS48（共阴）、CC4511（共阴）等，本实验采用 CC4511 BCD 码锁存/七段译码/驱动器驱动共阴极 LED 数码管。图 24 - 6 为 CC4511 引脚排列。

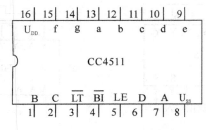

图 24 - 6　CC4511 引脚排列

其中：

A、B、C、D——BCD 码输入端。

a、b、c、d、e、f、g——译码输出端，输出"1"有效，用来驱动共阴极 LED 数码管。

$\overline{LT}$——测试输入端，$\overline{LT}$="0"时，译码输出全为"1"。

$\overline{BI}$——消隐输入端，$\overline{BI}$="0"时，译码输出全为"0"。

LE——锁定端，LE="1"时译码器处于锁定(保持)状态，译码输出保持在 LE=0 时的数值，LE=0 为正常译码。

表 24-2 为 CC4511 功能表。CC4511 内接有上拉电阻，故只需在输出端与数码管笔段之间串入限流电阻即可工作。译码器还有拒伪码功能，当输入码超过 1001 时，输出全为"0"，数码管熄灭。

表 24-2

输入							输出							
LE	$\overline{BI}$	$\overline{LT}$	D	C	B	A	a	b	c	d	e	f	g	显示字形
×	×	0	×	×	×	×	1	1	1	1	1	1	1	8
×	0	1	×	×	×	×	0	0	0	0	0	0	0	消隐
0	1	1	0	0	0	0	1	1	1	1	1	1	0	0
0	1	1	0	0	0	1	0	1	1	0	0	0	0	1
0	1	1	0	0	1	0	1	1	0	1	1	0	1	2
0	1	1	0	0	1	1	1	1	1	1	0	0	1	3
0	1	1	0	1	0	0	0	1	1	0	0	1	1	4
0	1	1	0	1	0	1	1	0	1	1	0	1	1	5
0	1	1	0	1	1	0	0	0	1	1	1	1	1	6
0	1	1	0	1	1	1	1	1	1	0	0	0	0	7
0	1	1	1	0	0	0	1	1	1	1	1	1	1	8
0	1	1	1	0	0	1	1	1	1	0	0	1	1	9
0	1	1	1	0	1	0	0	0	0	0	0	0	0	消隐
0	1	1	1	0	1	1	0	0	0	0	0	0	0	消隐
0	1	1	1	1	0	0	0	0	0	0	0	0	0	消隐
0	1	1	1	1	0	1	0	0	0	0	0	0	0	消隐
0	1	1	1	1	1	0	0	0	0	0	0	0	0	消隐
0	1	1	1	1	1	1	0	0	0	0	0	0	0	消隐
1	1	1	×	×	×	×	锁　存							锁存

在本数字电路实验装置上已完成了译码器 CC4511 和数码管 BS202 之间的连接。实验时，只要接通 $+5\ \text{V}$ 电源，并将十进制数的 BCD 码接至译码器的相应输入端 A、B、C、D 即可显示 $0\sim9$ 的数字。四位数码管可接受四组 BCD 码输入。CC4511 与 LED 数码管的连接如图 $24-7$ 所示。

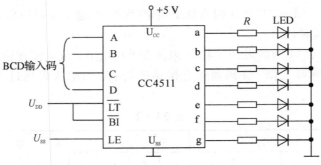

图 $24-7$　CC4511 驱动一位 LED 数码管

三、实验设备

（1）$+5\ \text{V}$ 直流电源。

（2）双踪示波器。

（3）连续脉冲源。

（4）逻辑电平开关。

（5）逻辑电平显示器。

（6）拨码开关组。

（7）译码显示器。

（8）74LS138$\times$2，CC4511。

四、实验内容

1. 数据拨码开关的使用

将实验装置上四组拨码开关的输出 A_i、B_i、C_i、D_i 分别接至 4 组显示译码/驱动器 CC4511 的对应输入口，LE、$\overline{\text{BI}}$、$\overline{\text{LT}}$ 接至三个逻辑开关的输出插口，接上 $+5\ \text{V}$ 显示器的电源，然后按功能表 $24-2$ 输入的要求按动四个数码的增减键（"+"与"−"键），操作与 LE、$\overline{\text{BI}}$、$\overline{\text{LT}}$ 对应的三个逻辑开关，观测拨码盘上的四位数与 LED 数码管显示的对应数字是否一致，以及译码显示是否正常。

2. 74LS138 译码器逻辑功能测试

将译码器的使能端 S_1、$\overline{S}_2$、$\overline{S}_3$ 及地址端 A_2、A_1、A_0 分别接至逻辑电平开关的输出口，八个输出端 $\overline{Y}_7\sim\overline{Y}_0$ 依次连接在逻辑电平显示器的八个输入口上，拨动逻辑电平开关，按表 $24-1$ 逐项测试 74LS138 的逻辑功能。

3. 用 74LS138 构成时序脉冲分配器

参照图 $24-2$ 和实验原理，时钟脉冲 CP 频率约为 $10\ \text{kHz}$，要求分配器输出端 $\overline{Y}_0\sim\overline{Y}_7$ 的信号与 CP 输入信号同相。

画出分配器的实验电路，用示波器观察和记录当地址端 A_2、A_1、A_0 分别取 $000\sim111$ 八种不同状态时 $\overline{Y}_0\sim\overline{Y}_7$ 端的输出波形，注意输出波形与 CP 输入波形之间的相位关系。用两片 74LS138 组合成一个 4 线 - 16 线译码器，并进行实验。

五、实验注意事项

（1）复习有关译码器和分配器的原理。
（2）根据实验任务，画出所需的实验线路及记录表格。

六、实验报告

（1）画出实验线路，将观察到的波形画在坐标纸上，并标上对应的地址码。
（2）对实验结果进行分析、讨论。

实验 25　数据选择器及其应用

一、实验目的

（1）掌握中规模集成数据选择器的逻辑功能及使用方法。
（2）学习用数据选择器构成组合逻辑电路的方法。

二、实验原理

数据选择器又称"多路开关"。数据选择器在地址码（或称选择控制）电位的控制下，从几个数据输入中选择一个并将其送到一个公共的输出端。数据选择器的功能类似一个多掷开关，如图 25-1 所示，图中有四路数据 $D_0\sim D_3$，通过选择控制信号 A_1、A_0（地址码）从四路数据中选中某一路数据送至输出端 Q。

数据选择器为目前逻辑设计中应用十分广泛的逻辑部件，有 2 选 1、4 选 1、8 选 1、16 选 1 等类别。

数据选择器的电路结构一般由与或门阵列组成，也有用传输门开关和门电路混合而成的。

1. 八选一数据选择器 74LS151

74LS151 为互补输出的 8 选 1 数据选择器，其引脚排列如图 25-2 所示，功能如表 25-1 所示。选择控制端（地址端）为 $A_2\sim A_0$，按二进制译码，从 8 个输入数据 $D_0\sim D_7$ 中选择一个需要的数据送到输出端 Q，$\overline{S}$ 为使能端，低电平有效。

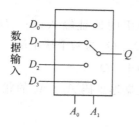

图 25-1　4 选 1 数据选择器示意图

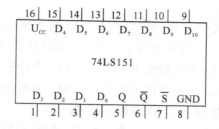

图 25-2　74LS151 引脚排列

表 25 - 1

输　入				输　出	
$\overline{S}$	A_2	A_1	A_0	Q	$\overline{Q}$
1	×	×	×	0	1
0	0	0	0	D_0	$\overline{D_0}$
0	0	0	1	D_1	$\overline{D_1}$
0	0	1	0	D_2	$\overline{D_2}$
0	0	1	1	D_3	$\overline{D_3}$
0	1	0	0	D_4	$\overline{D_4}$
0	1	0	1	D_5	$\overline{D_5}$
0	1	1	0	D_6	$\overline{D_6}$
0	1	1	1	D_7	$\overline{D_7}$

使能端 $\overline{S}=1$ 时，不论 $A_2 \sim A_0$ 状态如何，均无输出（$Q=0$，$\overline{Q}=1$），多路开关被禁止。

使能端 $\overline{S}=0$ 时，多路开关正常工作，根据地址码 A_2、A_1、A_0 的状态选择 $D_0 \sim D_7$ 中某一个通道的数据输送到输出端 Q。

如：$A_2A_1A_0=000$，则选择 D_0 数据到输出端，即 $Q=D_0$。

如：$A_2A_1A_0=001$，则选择 D_1 数据到输出端，即 $Q=D_1$，其余类推。

2. 双四选一数据选择器 74LS153

所谓双 4 选 1 数据选择器就是在一块集成芯片上有两个 4 选 1 数据选择器，其引脚排列如图 25 - 3 所示，功能如表 25 - 2 所示。

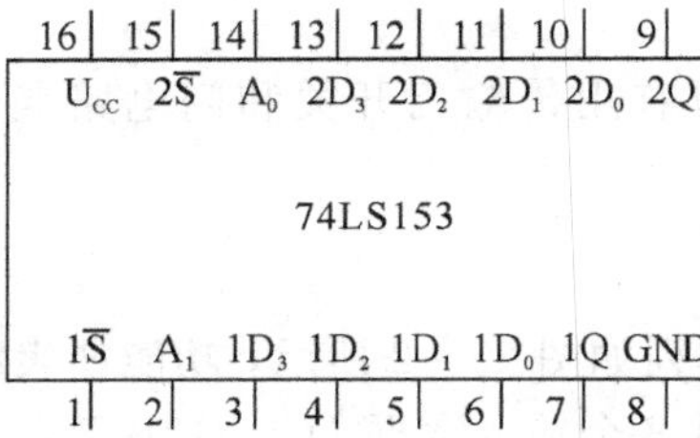

表 25 - 2

输　入			输　出
$\overline{S}$	A_1	A_0	Q
1	×	×	0
0	0	0	D_0
0	0	1	D_1
0	1	0	D_2
0	1	1	D_3

图 25 - 3　74LS153 引脚功能

其中，$1\overline{S}$、$2\overline{S}$ 为两个独立的使能端；A_1、A_0 为公用的地址输入端；$1D_0 \sim 1D_3$ 和 $2D_0 \sim 2D_3$ 分别为两个 4 选 1 数据选择器的数据输入端；Q_1、Q_2 为两个输出端。

（1）当使能端 $1\overline{S}(2\overline{S})=1$ 时，多路开关被禁止，无输出，$Q=0$。

（2）当使能端 $1\overline{S}(2\overline{S})=0$ 时，多路开关正常工作，根据地址码 A_1、A_0 的状态，将相应的数据 $D_0 \sim D_3$ 送到输出端 Q。

如：$A_1A_0=00$，则选择 D_0 数据到输出端，即 $Q=D_0$。

$A_1 A_0 = 01$，则选择 D_1 数据到输出端，即 $Q = D_1$，其余类推。

数据选择器的用途很多，例如多通道传输、数码比较、并行码变串行码，以及实现逻辑函数等。

3. 数据选择器的应用—实现逻辑函数

例1　用 8 选 1 数据选择器 74LS151 实现函数 $F = A\overline{B} + \overline{A}C + B\overline{C}$。

采用 8 选 1 数据选择器 74LS151 可实现任意三输入变量的组合逻辑函数。作出函数 F 的功能表，如表 25 - 3 所示，将函数 F 的功能表与 8 选 1 数据选择器的功能表相比较，可知

（1）将输入变量 C、B、A 作为 8 选 1 数据选择器的地址码 A_2、A_1、A_0。

（2）使 8 选 1 数据选择器的各数据输入 $D_0 \sim D_7$ 分别与函数 F 的输出值一一对应。即 $A_2 A_1 A_0 = CBA$，$D_0 = D_7 = 0$，$D_1 = D_2 = D_3 = D_4 = D_5 = D_6 = 1$。则 8 选 1 数据选择器的输出 Q 便实现了函数 $F = A\overline{B} + \overline{A}C + B\overline{C}$，其接线图如图 25 - 4 所示。

表 25 - 3

输　入			输　出
C	B	A	F
0	0	0	0
0	0	1	1
0	1	0	1
0	1	1	1
1	0	0	1
1	0	1	1
1	1	0	1
1	1	1	0

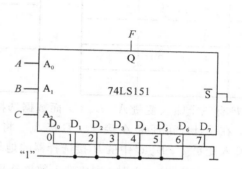

25 - 4　用 8 选 1 数据选择器实现 $F = A\overline{B} + \overline{A}C + B\overline{C}$

显然，采用具有 n 个地址端的数据选择实现 n 变量的逻辑函数时，应将函数的输入变量加到数据选择器的地址端(A)，选择器的数据输入端(D)按次序以函数 F 输出值来赋值。

例2　用 8 选 1 数据选择器 74LS151 实现函数 $F = A\overline{B} + \overline{A}B$。

（1）列出函数 F 的功能如表 25 - 4 所示。

（2）将 A、B 加到地址端 A_1、A_0，而 A_2 接地，由表 25 - 4 可见，将 D_1、D_2 接"1"及 D_0、D_3 接地，其余数据输入端 $D_4 \sim D_7$ 都接地，则 8 选 1 数据选择器的输出 Q 便实现了函数 $F = A\overline{B} + B\overline{A}$，其接线图如图 25 - 5 所示。

表 25 - 4

B	A	F
0	0	0
0	1	1
1	0	1
1	1	0

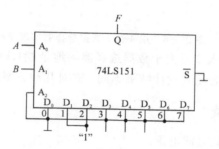

图 25 - 5　8 选 1 数据选择器实现 $F = A\overline{B} + \overline{A}B$ 的接线图

显然,当函数输入变量个数小于数据选择器的地址端(A)时,应将不用的地址端及不用的数据输入端(D)都接地。

例 3 用 4 选 1 数据选择器 74LS153 实现函数 $F=\overline{A}BC+A\overline{B}C+AB\overline{C}+ABC$。

函数 F 的功能如表 25−5 所示。

表 25−5

输入			输出
A	B	C	F
0	0	0	0
0	0	1	0
0	1	0	0
0	1	1	1
1	0	0	0
1	0	1	1
1	1	0	1
1	1	1	1

表 25−6

输入			输出	中选数据端
A	B	C	F	
0	0	0	0	$D_0=0$
0	0	1	0	
0	1	0	0	$D_1=C$
0	1	1	1	
1	0	0	0	$D_2=C$
1	0	1	1	
1	1	0	1	$D_3=1$
1	1	1	1	

函数 F 有三个输入变量 A、B、C,而数据选择器有两个地址端 A_1、A_0,少于函数输入变量个数,在设计时可任选 A 接 A_1,B 接 A_0。将函数的功能表改画成表 25−6 的形式,可见,当将输入变量 A、B、C 中的 B 接选择器的地址端 A_1、A_0 时,由表 25−6 不难看出:当 $D_0=0$,$D_1=D_2=C$,$D_3=1$ 时,则 4 选 1 数据选择器的输出便实现了函数 $F=\overline{A}BC+A\overline{B}C+AB\overline{C}+ABC$,其接线图如图 25−6 所示。

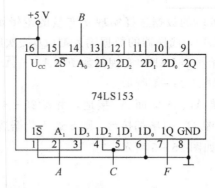

图 25−6 用 4 选 1 数据选择器实现 $F=\overline{A}BC+A\overline{B}C+AB\overline{C}+ABC$

当函数输入变量大于数据选择器的地址端(A)时,可能随着选用函数输入变量作地址的方案不同,而使其设计结果不同,需对几种方案进行比较以获得最佳方案。

三、实验设备

(1) +5 V 直流电源。

(2) 逻辑电平开关。

（3）逻辑电平显示器。

（4）74LS151（或 CC4512），74LS153（或 CC4539）。

四、实验内容

1. 测试数据选择器 74LS151 的逻辑功能

按图 25-7 接线，地址端 A_2、A_1、A_0 和数据端 $D_0 \sim D_7$、使能端 $\overline{S}$ 接逻辑开关，输出端 Q 接逻辑电平显示器，按 74LS151 功能表逐项进行测试，并记录测试结果。

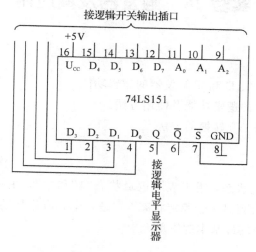

图 25-7 74LS151 逻辑功能测试

2. 测试 74LS153 的逻辑功能

测试方法及步骤同上，记录测试结果。

3. 用 8 选 1 数据选择器 74LS151 设计三输入多数表决电路

（1）写出设计过程。

（2）画出接线图。

（3）验证逻辑功能。

4. 用 8 选 1 数据选择器实现逻辑函数

（1）写出设计过程。

（2）画出接线图。

（3）验证逻辑功能。

5. 用双 4 选 1 数据选择器 74LS153 实现全加器

（1）写出设计过程。

（2）画出接线图。

（3）验证逻辑功能。

五、实验注意事项

（1）复习数据选择器的工作原理。

（2）用数据选择器对实验内容中的各函数式进行预设计。

六、实验报告

（1）用数据选择器对实验内容进行设计，写出设计全过程，画出接线图，进行逻辑功能测试。

（2）总结实验收获、体会。

实验 26　触发器及其应用

一、实验目的

（1）掌握基本 RS、JK、D 和 T 触发器的逻辑功能。

（2）掌握集成触发器的逻辑功能及使用方法。

（3）熟悉触发器之间相互转换的方法。

二、实验原理

触发器具有两个稳定状态，用于表示逻辑状态"1"和"0"，在一定的外界信号作用下，可以从一个稳定状态翻转到另一个稳定状态，它是一个具有记忆功能的二进制信息存储器件，是构成各种时序电路的最基本逻辑单元。

1. 基本 RS 触发器

图 26-1 为由两个与非门交叉耦合构成的基本 RS 触发器，它是无时钟控制低电平直接触发的触发器。基本 RS 触发器具有置"0"、置"1"和"保持"三种功能。通常称 $\overline{S}$ 为置"1"端，因为 $\overline{S}=0(\overline{R}=1)$ 时触发器被置"1"；$\overline{R}$ 为置"0"端，因为 $\overline{R}=0(\overline{S}=1)$ 时触发器被置"0"，当 $\overline{S}=\overline{R}=1$ 时，状态保持；$\overline{S}=\overline{R}=0$ 时，触发器状态不定，应避免此种情况发生，表 26-1 为基本 RS 触发器的功能表。

基本 RS 触发器也可以用两个"或非门"组成，此时为高电平触发有效。

表 26-1

输　　入		输　　出	
$\overline{S}$	$\overline{R}$	Q^{n+1}	$\overline{Q}^{n+1}$
0	1	1	0
1	0	0	1
1	1	Q^n	$\overline{Q}^n$
0	0	ϕ	ϕ

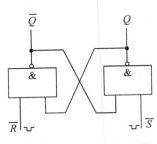

图 26-1　基本 RS 触发器

2. JK 触发器

在输入信号为双端的情况下，JK 触发器是功能完善、使用灵活和通用性较强的一种触发器。本实验采用 74LS112 双 JK 触发器，是下降边沿触发的边沿触发器，其引脚功能及逻辑符号如图 26-2 所示。

JK 触发器的状态方程为

$$Q^{n+1} = J\overline{Q}^n + \overline{K}Q^n$$

其中，J 和 K 是数据输入端，是触发器状态更新的依据，若 J、K 有两个或两个以上输入端时，组成"与"的关系。Q 与 $\overline{Q}$ 为两个互补输出端。通常把 $Q=0$、$\overline{Q}=1$ 的状态定为触发器"0"状态；而把 $Q=1$，$\overline{Q}=0$ 定为"1"状态。

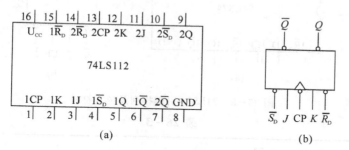

图 26-2　74LS112 双 JK 触发器引脚排列及逻辑符号

下降沿触发 JK 触发器的功能如表 26-2 所示。

表 26-2

输　入					输　出	
$\overline{S}_D$	$\overline{R}_D$	CP	J	K	Q^{n+1}	$\overline{Q}^{n+1}$
0	1	×	×	×	1	0
1	0	×	×	×	0	1
0	0	×	×	×	ϕ	ϕ
1	1	↓	0	0	Q^n	$\overline{Q}^n$
1	1	↓	1	0	1	0
1	1	↓	0	1	0	1
1	1	↓	1	1	$\overline{Q}^n$	Q^n
1	1	↑	×	×	Q^n	$\overline{Q}^n$

注：×——任意态，↓——高到低电平跳变，↑——低到高电平跳变，Q^n($\overline{Q}^n$)——现态，Q^{n+1}($\overline{Q}^{n+1}$)——次态，ϕ——不定态，

JK 触发器常被用作缓冲存储器、移位寄存器和计数器。

3. D 触发器

在输入信号为单端的情况下，D 触发器用起来最为方便，其状态方程为 $Q^{n+1}=D^n$，其输出状态的更新发生在 CP 脉冲的上升沿，故又称为上升沿触发的边沿触发器，触发器的状态只取决于时钟到来前 D 端的状态。D 触发器的应用很广，可用作数字信号的寄存、移

位寄存、分频和波形发生等，有很多种型号可供各种用途的需要而选用，如双 D74LS74、四 D74LS175、六 D74LS174 等。

图 26-3 为双 D74LS74 的引脚排列及逻辑符号，其功能如表 26-3 所示。

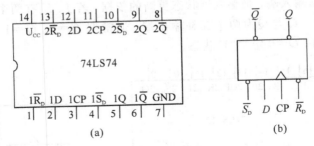

图 26-3　74LS74 引脚排列及逻辑符号

表 26-3

输　入				输　出	
$\overline{S}_D$	$\overline{R}_D$	CP	D	Q^{n+1}	$\overline{Q}^{n+1}$
0	1	×	×	1	0
1	0	×	×	0	1
0	0	×	×	ϕ	ϕ
1	1	↑	1	1	0
1	1	↑	0	0	1
1	1	↓	×	Q^n	$\overline{Q}^n$

4. 触发器之间的相互转换

在集成触发器的产品中，每一种触发器都有自己固定的逻辑功能，但可以利用转换的方法获得具有其他功能的触发器。例如将 JK 触发器的 J、K 两端连在一起，并认它为 T 端，就得到所需的 T 触发器，如图 26-4(a) 所示，其状态方程为

$$Q^n+1 = T\overline{Q}^n + \overline{T}Q^n$$

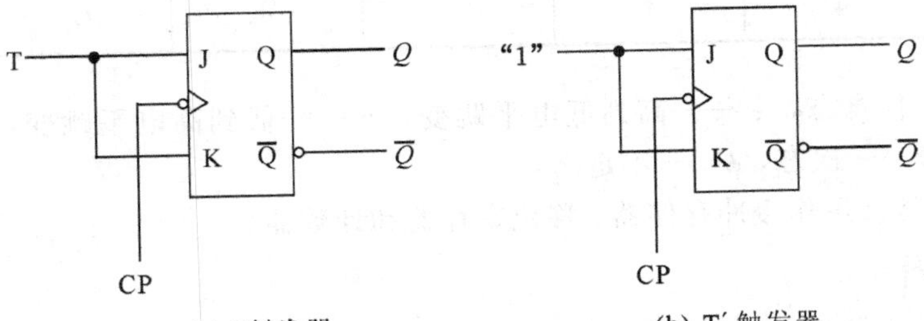

(a) T 触发器　　　　　　　　　　(b) T′ 触发器

图 26-4　JK 触发器转换为 T、T′触发器

T 触发器的功能如表 26-4 所示。

表 26-4

输入				输出
$\overline{S}_D$	$\overline{R}_D$	CP	T	Q^{n+1}
0	1	$\times$	$\times$	1
1	0	$\times$	$\times$	0
1	1	$\downarrow$	0	Q^n
1	1	$\downarrow$	1	$\overline{Q^n}$

由功能表可见，当 $T=0$ 时，时钟脉冲作用后，其状态保持不变；当 $T=1$ 时，时钟脉冲作用后，触发器状态翻转。所以，若将 T 触发器的 T 端置"1"，如图 26-4(b)所示，即得 T′触发器。在 T′触发器的 CP 端，每来一个 CP 脉冲信号，触发器的状态就翻转一次，故称为反转触发器，广泛用于计数电路中。

同样，若将 D 触发器的 $\overline{Q}$ 端与 D 端相连，便转换成 T′触发器，如图 26-5 所示。

JK 触发器也可转换为 D 触发器，如图 26-6 所示。

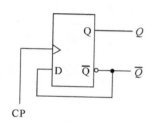

图 26-5 D 触发器转换成 T′触发器

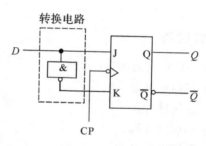

图 26-6 JK 触发器转换成 D 触发器

5. CMOS 触发器

（1）CMOS 边沿型 D 触发器。CC4013 是由 CMOS 传输门构成的边沿型 D 触发器，它是上升沿触发的双 D 触发器，表 26-5 为其功能表，图 26-7 为其引脚排列。

表 26-5

输　　入				输　出
S	R	CP	D	Q^{n+1}
1	0	$\times$	$\times$	1
0	1	$\times$	$\times$	0
1	1	$\times$	$\times$	ϕ
0	0	$\uparrow$	1	1
0	0	$\uparrow$	0	0
0	0	$\downarrow$	$\times$	Q^n

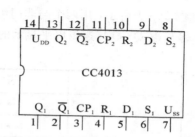

图 26-7 双上升沿 D 触发器的引脚排列

（2）CMOS 边沿型 JK 触发器。CC4027 是由 CMOS 传输门构成的边沿型 JK 触发器，它是上升沿触发的双 JK 触发器，表 26-6 为其功能表，图 26-8 为其引脚排列。

表 26 - 6

输入					输出
S	R	CP	J	K	Q^{n+1}
1	0	$\times$	$\times$	$\times$	1
0	1	$\times$	$\times$	$\times$	0
1	1	$\times$	$\times$	$\times$	ϕ
0	0	$\uparrow$	0	0	Q^n
0	0	$\uparrow$	1	0	1
0	0	$\uparrow$	0	1	0
0	0	$\uparrow$	1	1	$\overline{Q^n}$
0	0	$\downarrow$	$\times$	$\times$	Q^n

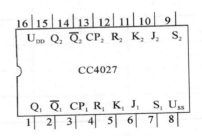

图 26 - 8 双上升沿 JK 触发器的引脚排列

CMOS 触发器的直接置位、复位输入端 S 和 R 是高电平有效,当 $S=1$(或 $R=1$)时,触发器将不受其他输入端所处状态的影响,使触发器直接接置 1(或置 0),但直接置位、复位输入端 S 和 R 必须遵守 $RS=0$ 的约束条件。CMOS 触发器按逻辑功能工作时,S 和 R 必须均置 0。

三、实验设备

(1) $+5$ V 直流电源。

(2) 双踪示波器。

(3) 连续脉冲源。

(4) 单次脉冲源。

(5) 逻辑电平开关。

(6) 逻辑电平显示器。

(7) 74LS112(或 CC4027),74LS00(或 CC4011),74LS74(或 CC4013)。

四、实验内容

1. 测试基本 RS 触发器的逻辑功能

如图 26 - 1 所示,用两个与非门组成基本 RS 触发器,输入端 $\overline{R}$、$\overline{S}$ 接逻辑开关的输出插口,输出端 Q、$\overline{Q}$ 接逻辑电平显示的输入插口,按表 26 - 7 要求测试,记录测试结果。

表 26 - 7

$\overline{R}$	$\overline{S}$	Q	$\overline{Q}$
1	$1 \rightarrow 0$		
	$0 \rightarrow 1$		
$1 \rightarrow 0$	1		
$0 \rightarrow 1$			
0	0		

2. 测试双 JK 触发器 74LS112 的逻辑功能

（1）测试 $\overline{R}_D$、$\overline{S}_D$ 的复位、置位功能。任取一只 JK 触发器，$\overline{R}_D$、$\overline{S}_D$、J、K 端接逻辑开关输出插口，CP 端接单次脉冲源，Q、$\overline{Q}$ 端接至逻辑电平显示输入插口。要求改变 $\overline{R}_D$、$\overline{S}_D$（J、K、CP 处于任意状态），并在 $\overline{R}_D=0$（$\overline{S}_D=1$）或 $\overline{S}_D=0$（$\overline{R}_D=1$）作用期间任意改变 J、K 及 CP 的状态，观察 Q、$\overline{Q}$ 的状态。自拟表格并记录之。

（2）测试 JK 触发器的逻辑功能。按表 26－8 的要求改变 J、K、CP 端的状态，观察 Q、$\overline{Q}$ 的状态变化，观察触发器状态更新是否发生在 CP 脉冲的下降沿（即 CP 由 $1\rightarrow0$），记录之。

（3）将 JK 触发器的 J、K 端连在一起，构成 T 触发器。在 CP 端输入 1 Hz 连续脉冲，观察 Q 端的变化。在 CP 端输入 1 kHz 连续脉冲，用双踪示波器观察 CP、Q、$\overline{Q}$ 端波形，注意其相位关系并描绘出来。

表 26－8

J　　K	CP	Q^{n+1}	
		$Q^n=0$	$Q^n=1$
0　　0	$0\rightarrow1$		
	$1\rightarrow0$		
0　　1	$0\rightarrow1$		
	$1\rightarrow0$		
1　　0	$0\rightarrow1$		
	$1\rightarrow0$		
1　　1	$0\rightarrow1$		
	$1\rightarrow0$		

3. 测试双 D 触发器 74LS74 的逻辑功能

（1）测试 $\overline{R}_D$、$\overline{S}_D$ 的复位、置位功能。测试方法同实验内容 2 中的（1）所述，自拟表格记录测试数据。

（2）测试 D 触发器的逻辑功能。按表 26－9 要求进行测试，并观察触发器状态的更新是否发生在 CP 脉冲的上升沿（即由 $0\rightarrow1$），记录之。

表 26－9

D	CP	Q^{n+1}	
		$Q^n=0$	$Q^n=1$
0	$0\rightarrow1$		
	$1\rightarrow0$		
1	$0\rightarrow1$		
	$1\rightarrow0$		

（3）将 D 触发器的 $\overline{Q}$ 端与 D 端相连接，构成 T′ 触发器。测试方法同实验内容 2 中的

（3），记录测试数据。

4．双相时钟脉冲电路

用 JK 触发器及与非门构成的双相时钟脉冲电路如图 26 - 9 所示，此电路用来将时钟脉冲 CP 转换成两相时钟脉冲 CP_A 及 CP_B，其频率相同、相位不同。

分析电路工作原理，并按图 26 - 9 所示接线，用双踪示波器同时观察 CP、CP_A，CP、CP_B 及 CP_A、CP_B 的波形，并描绘出来。

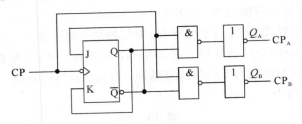

图 26 - 9　双相时钟脉冲电路

5．乒乓球练习电路

电路功能要求：模拟两名动运员在练球，乒乓球能往返运转。

提示：采用双 D 触发器 74LS74 设计实验线路，两个 CP 端触发脉冲分别由两名运动员操作，两触发器的输出状态用逻辑电平显示器显示。

五、实验注意事项

（1）复习有关触发器内容。

（2）列出各触发器的功能测试表格。

（3）按实验内容 4、5 的要求设计线路，拟定实验方案。

（4）利用普通机械开关组成的数据开关所产生的信号是否可作为触发器的时钟脉冲信号？为什么？是否可以用作触发器的其他输入端的信号？为什么？

六、实验报告

（1）列表整理各类触发器的逻辑功能。

（2）总结观察到的波形，说明触发器的触发方式。

（3）体会触发器的应用。

实验 27　计数器及其应用

一、实验目的

（1）学习用集成触发器构成计数器的方法。

（2）掌握中规模集成计数器的使用及功能测试方法。

（3）运用集成计数构成 $1/N$ 分频器。

二、实验原理

计数器是一个用于实现计数功能的时序部件，它不仅可用来计脉冲数，还常用作数字系统的定时、分频和执行数字运算以及其他特定的逻辑功能。

计数器种类很多，按构成计数器中的各触发器是否使用一个时钟脉冲源来分，有同步计数器和异步计数器；根据计数制的不同，分为二进制计数器、十进制计数器和任意进制计数器；根据计数的增减趋势，又分为加法、减法和可逆计数器；此外，还有可预置数和可编程序功能计数器等。目前，无论是 TTL 还是 CMOS 集成电路，都有品种较齐全的中规模集成计数器。使用者只要借助于器件手册提供的功能表、工作波形图和引出端的排列，就能正确地运用这些器件。

1. 用 D 触发器构成异步二进制加/减计数器

图 27-1 是用四只 D 触发器构成的四位二进制异步加法计数器，它的连接特点是将每只 D 触发器接成 T′ 触发器，再由低位触发器的 $\overline{Q}$ 端和高一位的 CP 端相连接。

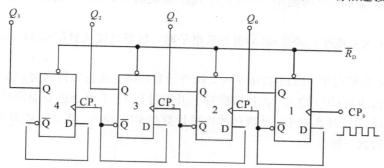

图 27-1　四位二进制异步加法计数器

若将图 27-1 稍加改动，即将低位触发器的 Q 端与高一位的 CP 端相连接，即构成了一个 4 位二进制减法计数器。

2. 中规模十进制计数器

CC40192 是同步十进制可逆计数器，具有双时钟输入、清除和置数等功能，其引脚排列及逻辑符号如图 27-2 所示。图中，$\overline{LD}$——置数端，CP_U——加计数端，CP_D——减计数端，$\overline{CO}$——非同步进位输出端，$\overline{BO}$——非同步借位输出端，D_0、D_1、D_2、D_3——计数器输入端，Q_0、Q_1、Q_2、Q_3——数据输出端，CR——清除端。

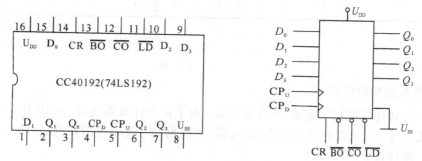

图 27-2　CC40192 引脚排列及逻辑符号

CC40192(同 74LS192,二者可互换使用)的功能如表 27 – 1 所示。

表 27 – 1

输　入								输　出			
CR	$\overline{\text{LD}}$	CP_U	CP_D	D_3	D_2	D_1	D_0	Q_3	Q_2	Q_1	Q_0
1	×	×	×	×	×	×	×	0	0	0	0
0	0	×	×	d	c	b	a	d	c	b	a
0	1	↑	1	×	×	×	×	加　计　数			
0	1	1	↑	×	×	×	×	减　计　数			

说明:

(1) 当清除端 CR 为高电平"1"时,计数器直接清零;CR 置低电平时,则执行其他功能。

(2) 当 CR 为低电平,置数端 $\overline{\text{LD}}$ 也为低电平时,数据直接从置数端 D_0、D_1、D_2、D_3 置入计数器。

(3) 当 CR 为低电平,$\overline{\text{LD}}$ 为高电平时,执行计数功能。执行加计数时,减计数端 CP_D 接高电平,计数脉冲由 CP_U 输入,在计数脉冲上升沿进行 8421 码十进制加法计数。执行减计数时,加计数端 CP_U 接高电平,计数脉冲由减计数端 CP_D 输入。表 27 – 2 为 8421 码十进制加、减计数器的状态转换表。

表 27 – 2

加计数 →

输入脉冲数		0	1	2	3	4	5	6	7	8	9
输出	Q_3	0	0	0	0	0	0	0	0	1	1
	Q_2	0	0	0	0	1	1	1	1	0	0
	Q_1	0	0	1	1	0	0	1	1	0	0
	Q_0	0	1	0	1	0	1	0	1	0	1

← 减计数

3. 计数器的级联使用

一个十进制计数器只能表示 0~9 十个数,为了扩大计数器范围,常用多个十进制计数器级联使用。同步计数器往往设有进位(或借位)输出端,故可选用其进位(或借位)输出信号驱动下一级计数器。

图 27 – 3 是由 CC40192 利用进位输出 $\overline{\text{CO}}$ 控制高一位的 CP_U 端构成的加数级联图。

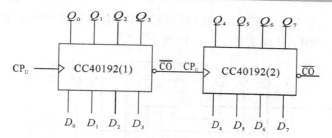

图 27-3　CC40192 级联电路

4. 实现任意进制计数

（1）用复位法获得任意进制计数器。假定已有 N 进制计数器，而需要得到一个 M 进制计数器时，只要 $M<N$，用复位法使计数器计数到 M 时置"0"，即获得 M 进制计数器。如图 27-4 所示为一个由 CC40192 十进制计数器连接成的六进制计数器。

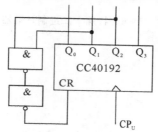

图 27-4　六进制计数器

（2）利用预置功能获得 M 进制计数器。图 27-5 为用三个 CC40192 组成的 421 进制计数器。外加的由与非门构成的锁存器可以克服器件计数速度的离散性，能保证计数器在反馈置"0"信号的作用下可靠置"0"。

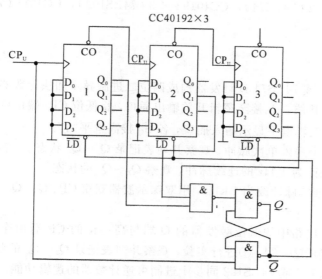

图 27-5　421 进制计数器

图 27-6 是一个特殊十二进制的计数器电路方案。在数字钟里，对时位的计数序列是 1、2、…11、12、11、…是十二进制的，且无 0 数。如图 27-6 所示，当计数到 13 时，通过

与非门产生一个复位信号，使 CC40192(2)〔即时十位〕直接置成 0000，而 CC40192(1)，即时的个位直接置成 0001，从而实现 1～12 计数。

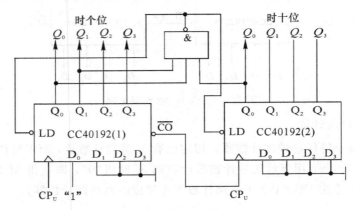

图 27-6　特殊十二进制计数器

三、实验设备

(1) +5 V 直流电源。

(2) 双踪示波器。

(3) 连续脉冲源。

(4) 单次脉冲源

(5) 逻辑电平开关。

(6) 逻辑电平显示器。

(7) 译码显示器。

(8) CC4013×2（74LS74），CC40192×3（74LS192），CC4011（74LS00），CC4012（74LS20）。

四、实验内容

(1) 用 CC4013 或 74LS74 D 触发器构成四位二进制异步加法计数器。

① 按图 27-1 接线，$\overline{R}_D$ 接至逻辑开关输出插口，将低位 CP_0 端接单次脉冲源，输出端 Q_3、Q_2、Q_1、Q_0 接逻辑电平显示输入插口，各 $\overline{S}_D$ 接高电平"1"。

② 清零后，逐个送入单次脉冲，观察并列表记录 $Q_3 \sim Q_0$ 状态。

③ 将单次脉冲改为 1 Hz 的连续脉冲，观察 $Q_3 \sim Q_0$ 的状态。

④ 将 1 Hz 的连续脉冲改为 1 kHz，用双踪示波器观察 CP、Q_3、Q_2、Q_1、Q_0 端波形，并描绘之。

⑤ 将图 27-1 电路中的低位触发器的 Q 端与高一位的 CP 端相连接，构成减法计数器，按实验内容(1)的②、③、④进行实验，观察并列表记录 $Q_3 \sim Q_0$ 的状态。

(2) 测试 CC40192 或 74LS192 同步十进制可逆计数器的逻辑功能。计数脉冲由单次脉冲源提供，清除端 CR、置数端 $\overline{LD}$、数据输入端 D_3、D_2、D_1、D_0 分别接逻辑开关，输出端 $Q_3 \sim Q_0$ 接实验设备的一个译码显示输入相应插口 A、B、C、D；$\overline{CO}$ 和 $\overline{BO}$ 接逻辑电平显示插口。按表 27-1 逐项测试并判断该集成块的功能是否正常。

① 清除。令 CR＝1，其他输入为任意态，这时 $Q_3Q_2Q_1Q_0$＝0000，译码数字显示为 0。清除功能完成后，置 CR＝0。

② 置数。CR＝0，CP_U、CP_D 任意，数据输入端输入任意一组二进制数，令 $\overline{LD}$＝0，观察计数译码显示输出，预置功能是否完成，此后置 $\overline{LD}$＝1。

③ 加计数。CR＝0，$\overline{LD}$＝CP_D＝1，CP_U 接单次脉冲源。清零后送入 10 个单次脉冲，观察译码数字显示是否按 8421 码十进制状态转换表进行；输出状态变化是否发生在 CP_U 的上升沿。

④ 减计数。CR＝0，$\overline{LD}$＝CP_U＝1，CP_D 接单次脉冲源。参照实验内容（2）的③进行实验。

（3）如图 27－3 所示，用两片 CC40192 组成两位十进制加法计数器，输入 1 Hz 连续计数脉冲，进行 00～99 的累加计数，并记录之。

（4）将两位十进制加法计数器改为两位十进制减法计数器，实现 99～00 的递减计数，并记录之。

（5）按图 27－4 电路进行实验，记录之。

（6）按图 27－5 或图 27－6 电路进行实验，记录之。

（7）设计一个数字钟移位 60 进制计数器，并进行实验。

五、实验注意事项

（1）复习有关计数器部分内容。

（2）绘出各实验内容的详细线路图。

（3）拟出各实验内容所需的测试记录表格。

（4）查手册，给出并熟悉实验所用各集成块的引脚排列图。

六、实验报告

（1）画出实验线路图，记录、整理实验现象及实验所得的有关波形，对实验结果进行分析。

（2）总结使用集成计数器的体会。

实验 28　移位寄存器及其应用

一、实验目的

（1）掌握中规模 4 位双向移位寄存器的逻辑功能及使用方法。

（2）熟悉移位寄存器的应用——实现数据的串行、并行转换和构成环形计数器。

二、实验原理

（1）移位寄存器是一个具有移位功能的寄存器，是指寄存器中所存的代码能够在移位脉冲的作用下依次左移或右移。既能左移又能右移的称为双向移位寄存器，只需要改变左、右移的控制信号便可实现双向移位要求。移位寄存器根据存取信息方式的不同分为串入串出、串入并出、并入串出、并入并出四种形式。

本实验选用的四位双向通用移位寄存器，型号为 CC40194 或 74LS194，两者功能相同，可互换使用，其逻辑符号及引脚排列如图 28-1 所示。

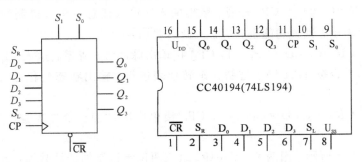

图 28-1　CC40194 的逻辑符号及引脚功能

其中，D_0、D_1、D_2、D_3 为并行输入端；Q_0、Q_1、Q_2、Q_3 为并行输出端；S_R 为右移串行输入端，S_L 为左移串行输入端；S_1、S_0 为操作模式控制端；$\overline{CR}$ 为直接无条件清零端；CP 为时钟脉冲输入端。

CC40194 有 5 种不同的操作模式，即并行送数寄存、右移（方向由 $Q_0 \rightarrow Q_3$）、左移（方向由 $Q_3 \rightarrow Q_0$）、保持及清零。S_1、S_0 和 $\overline{CR}$ 端的控制作用如表 28-1 所示。

表 28-1

功能	输 入										输 出			
	CP	$\overline{CR}$	S_1	S_0	S_R	S_L	D_0	D_1	D_2	D_3	Q_0	Q_1	Q_2	Q_3
清除	$\times$	0	$\times$	$\times$	$\times$	$\times$	$\times$	$\times$	$\times$	$\times$	0	0	0	0
送数	$\uparrow$	1	1	1	$\times$	$\times$	a	b	c	d	a	b	c	d
右移	$\uparrow$	1	0	1	D_{SR}	$\times$	$\times$	$\times$	$\times$	$\times$	D_{SR}	Q_0	Q_1	Q_2
左移	$\uparrow$	1	1	0	$\times$	D_{SL}	$\times$	$\times$	$\times$	$\times$	Q_1	Q_2	Q_3	D_{SL}
保持	$\uparrow$	1	0	0	$\times$	$\times$	$\times$	$\times$	$\times$	$\times$	Q_0^n	Q_1^n	Q_2^n	Q_3^n
保持	$\downarrow$	1	$\times$	$\times$	$\times$	$\times$	$\times$	$\times$	$\times$	$\times$	Q_0^n	Q_1^n	Q_2^n	Q_3^n

（2）移位寄存器的应用很广，可构成移位寄存器型计数器、顺序脉冲发生器、串行累加器；可用作数据转换，即把串行数据转换为并行数据，或把并行数据转换为串行数据等。本实验研究移位寄存器用作环形计数器和数据的串、并行转换。

① 环形计数器。把移位寄存器的输出反馈到它的串行输入端，就可以进行循环移位，如图 28-2 所示，把输出端 Q_3 和右移串行输入端 S_R 相连接，设初始状态 $Q_0Q_1Q_2Q_3 = 1000$，则在时钟脉冲的作用下 $Q_0Q_1Q_2Q_3$ 将依次变为 0100→0010→0001→1000→……，如表 28-2 所示，可见它是一个具有四个有效状态的计数器，这种类型的计数器通常称为环形计数器。图 28-2 电路可以由各个输出端输出在时间上有先后顺序的脉冲，因此也可作为顺序脉冲发生器。

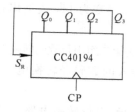

图 28-2　环形计数器

表 28-2

CP	Q_0	Q_1	Q_2	Q_3
0	1	0	0	0
1	0	1	0	0
2	0	0	1	0
3	0	0	0	1

如果将输出 Q_0 与左移串行输入端 S_L 相连接，即可实现左移循环移位。

② 实现数据串、并行转换。

（a）串行/并行转换器。串行/并行转换是指串行输入的数码经转换电路之后变换成并行输出。图 28-3 是用两片 CC40194(74LS194)四位双向移位寄存器组成的七位串/并行数据转换电路。

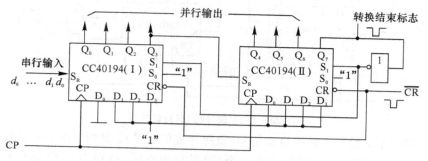

图 28-3　七位串行/并行转换器

电路中，S_0 端接高电平 1，S_1 受 Q_7 控制，两片寄存器连接成串行输入右移工作模式。Q_7 是转换结束标志。当 $Q_7 = 1$ 时，S_1 为 0，使之成为 $S_1 S_0 = 01$ 的串入右移工作方式；当 $Q_7 = 0$ 时，$S_1 = 1$，有 $S_1 S_0 = 10$，则串行送数结束，标志着串行输入的数据已转换成并行输出了。

串行/并行转换的具体过程如下：

转换前，$\overline{CR}$ 端加低电平，使 1、2 两片寄存器的内容清零，此时 $S_1 S_0 = 11$，寄存器执行并行输入工作方式。当第一个 CP 脉冲到来后，寄存器的输出状态 $Q_0 \sim Q_7$ 为 01111111，与此同时 $S_1 S_0$ 变为 01，转换电路变为执行串入右移工作方式，串行输入数据由 1 片的 S_R 端加入。随着 CP 脉冲的依次加入，输出状态的变化可列成表 28-3 所示。

表 28-3

CP	Q_0	Q_1	Q_2	Q_3	Q_4	Q_5	Q_6	Q_7	说明
0	0	0	0	0	0	0	0	0	清零
1	0	1	1	1	1	1	1	1	送数
2	d_0	0	1	1	1	1	1	1	右
3	d_1	d_0	0	1	1	1	1	1	移
4	d_2	d_1	d_0	0	1	1	1	1	操
5	d_3	d_2	d_1	d_0	0	1	1	1	作
6	d_4	d_3	d_2	d_1	d_0	0	1	1	七
7	d_5	d_4	d_3	d_2	d_1	d_0	0	1	次
8	d_6	d_5	d_4	d_3	d_2	d_1	d_0	0	
9	0	1	1	1	1	1	1	1	送数

由表 28-3 可见，右移操作七次之后，Q_7 变为 0，S_1S_0 又变为 11，说明串行输入结束。这时，串行输入的数码已经转换成了并行输出了。

当再来一个 CP 脉冲时，电路又重新执行一次并行输入，为第二组串行数码转换做好了准备。

（b）并行/串行转换器。并行/串行转换器是指并行输入的数码经转换电路之后转换成串行输出。

图 28-4 是用两片 CC40194(74LS194)组成的七位并行/串行转换电路，它比图 28-3多了两个与非门 G_1 和 G_2，电路工作方式同样为右移。

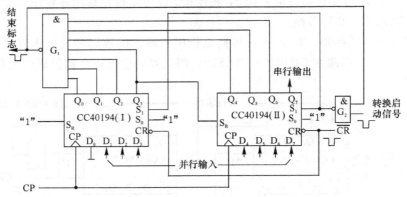

图 28-4　七位并行/串行转换器

寄存器清零后，加一个转换启动信号(负脉冲或低电平)。此时，由于方式控制 S_1S_0 为11，转换电路执行并行输入操作。当第一个 CP 脉冲到来后，$Q_0Q_1Q_2Q_3Q_4Q_5Q_6Q_7$ 的状态为 $0D_1D_2D_3D_4D_5D_6D_7$，并行输入数码存入寄存器。从而使得 G_1 输出为 1，G_2 输出为 0，结果，S_1S_2 变为 01，转换电路随着 CP 脉冲的加入，开始执行右移串行输出，随着 CP 脉冲的依次加入，输出状态依次右移，待右移操作七次后，$Q_0 \sim Q_6$ 的状态都为高电平 1，与非门 G_1 输出为低电平，G_2 输出为高电平，S_1S_2 又变为 11，表示并/串行转换结束，且为第二次并行输入创造了条件。转换过程如表 28-4 所示。

表 28-4

CP	Q_0	Q_1	Q_2	Q_3	Q_4	Q_5	Q_6	Q_7	串 行 输 出						
0	0	0	0	0	0	0	0	0							
1	0	D_1	D_2	D_3	D_4	D_5	D_6	D_7							
2	1	0	D_1	D_2	D_3	D_4	D_5	D_6	D_7						
3	1	1	0	D_1	D_2	D_3	D_4	D_5	D_6	D_7					
4	1	1	1	0	D_1	D_2	D_3	D_4	D_5	D_6	D_7				
5	1	1	1	1	0	D_1	D_2	D_3	D_4	D_5	D_6	D_7			
6	1	1	1	1	1	0	D_1	D_2	D_3	D_4	D_5	D_6	D_7		
7	1	1	1	1	1	1	0	D_1	D_2	D_3	D_4	D_5	D_6	D_7	
8	1	1	1	1	1	1	1	0	D_1	D_2	D_3	D_4	D_5	D_6	D_7
9	0	D_1	D_2	D_3	D_4	D_5	D_6	D_7							

中规模集成移位寄存器，其位数往往以 4 位居多，当需要的位数多于 4 位时，可把几片移位寄存器级连起来扩展位数。

三、实验设备

(1) +5 V 直流电源。

(2) 单次脉冲源。

(3) 逻辑电平开关。

(4) 逻辑电平显示器。

(5) CC40194×2(74LS194)，CC4011(74LS00)，CC4068(74LS30)。

四、实验内容

(1) 测试 CC40194(或 74LS194)的逻辑功能，按图 28-5 所示接线，$\overline{CR}$、S_1、S_0、S_L、S_R、D_0、D_1、D_2、D_3 分别接至逻辑开关的输出插口；Q_0、Q_1、Q_2、Q_3 接至逻辑电平显示输入插口，CP 端接单次脉冲源。按表 28-5 所规定的输入状态，逐项进行测试。

表 28-5

清除	模 式		时钟	串 行		输 入				输 出				功能总结
$\overline{CR}$	S_1	S_0	CP	S_L	S_R	D_0	D_1	D_2	D_3	Q_0	Q_1	Q_2	Q_3	
0	×	×	×	×	×	×	×	×	×					
1	1	1	↑	×	×	a	b	c	d					
1	0	1	↑	×	0	×	×	×	×					
1	0	1	↑	×	1	×	×	×	×					
1	0	1	↑	×	0	×	×	×	×					
1	0	1	↑	×	0	×	×	×	×					
1	1	0	↑	1	×	×	×	×	×					
1	1	0	↑	1	×	×	×	×	×					
1	1	0	↑	1	×	×	×	×	×					
1	1	0	↑	1	×	×	×	×	×					
1	0	0	↑	×	×	×	×	×	×					

① 清除：令 $\overline{CR}=0$，其他输入均为任意态，这时寄存器输出 Q_0、Q_1、Q_2、Q_3 应均为 0。清除后，置 $\overline{CR}=1$。

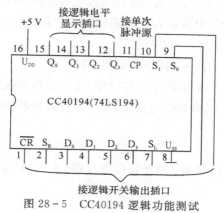

图 28-5　CC40194 逻辑功能测试

② 送数：令 $\overline{CR}=S_1=S_0=1$，送入任意 4 位二进制数，如 $D_0D_1D_2D_3=abcd$，加 CP 脉冲，观察 CP$=0$、CP 由 $0\rightarrow1$、CP 由 $1\rightarrow0$ 三种情况下寄存器输出状态的变化，观察寄存器输出状态变化是否发生在 CP 脉冲的上升沿。

③ 右移：清零后，令 $\overline{CR}=1$，$S_1=0$，$S_0=1$，由右移输入端 S_R 送入二进制数码如 0100，由 CP 端连续加 4 个脉冲，观察输出情况，记录之。

④ 左移：先清零或预置，再令 $\overline{CR}=1$，$S_1=1$，$S_0=0$，由左移输入端 S_L 送入二进制数码如 1111，连续加 4 个 CP 脉冲，观察输出端情况，记录之。

⑤ 保持：寄存器予置任意 4 位二进制数 $abcd$，令 $\overline{CR}=1$，$S_1=S_0=0$，加 CP 脉冲，观察寄存器输出状态，记录之。

（2）环形计数器。自拟实验线路用并行送数法预置寄存器为某二进制数码（如 0100），然后进行右移循环，观察寄存器输出端状态的变化，记入表 28 - 6 中。

表 28 - 6

CP	Q_0	Q_1	Q_2	Q_3
0	0	1	0	0
1				
2				
3				
4				

（3）实现数据的串、并行转换。

① 串行输入、并行输出。按图 28 - 3 接线，进行右移串入、并出实验，串入数码自定；改接线路用左移方式实现并行输出。自拟表格，记录之。

② 并行输入、串行输出。按图 28 - 4 接线，进行右移并入、串出实验，并入数码自定；再改接线路用左移方式实现串行输出。自拟表格，记录之。

五、实验注意事项

（1）复习寄存器及串行、并行转换器有关内容。

（2）查阅 CC40194、CC4011 及 CC4068 逻辑线路，熟悉其逻辑功能及引脚排列。

（3）在对 CC40194 进行送数后，若要使输出端改成另外的数码，是否一定要使寄存器清零？

（4）使寄存器清零，除采用 $\overline{CR}$ 输入低电平外，可否采用右移或左移的方法？可否使用并行送数法？若可行，如何操作？

（5）若进行循环左移，图 28 - 4 接线应如何改接？

（6）画出用两片 CC40194 构成的七位左移串/并行转换器线路。

（7）画出用两片 CC40194 构成的七位左移并/串行转换器线路。

六、实验报告

（1）分析表 28 - 4 的实验结果，总结移位寄存器 CC40194 的逻辑功能并写入表格功能总结一栏中。

（2）根据实验内容（2）的结果，画出 4 位环形计数器的状态转换图及波形图。

（3）分析串/并、并/串转换器所得结果的正确性。

实验 29　脉冲分配器及其应用

一、实验目的

（1）熟悉集成时序脉冲分配器的使用方法及其应用。

（2）学习步进电动机环形脉冲分配器的组成方法。

二、实验原理

（1）脉冲分配器的作用是产生多路顺序脉冲信号，它可以由计数器和译码器组成，也可以由环形计数器构成，图 29-1 中 CP 端上的系列脉冲经 N 位二进制计数器和相应的译码器，可以转变为 2^N 路顺序输出脉冲。

（2）集成时序脉冲分配器 CC4017。CC4017 是按 BCD 计数/时序译码器组成的分配器，其逻辑符号如图 29-2 所示，引脚功能如表 29-1 所示。

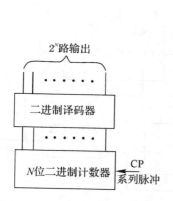

图 29-1　脉冲分配器的组成

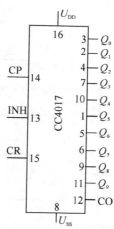

图 29-2　CC4017 的逻辑符号

表 29-1

输　入			输　出	
CP	INH	CR	$Q_0 \sim Q_9$	CO
×	×	1	Q_0	计数脉冲为 $Q_0 \sim Q_4$ 时：CO=1
↑	0	0	计　数	
1	↓	0		
0	×	0		
×	1	0	保　持	计数脉冲为 $Q_5 \sim Q_9$ 时：CO=0
↓	×	0		
×	↑	0		

其中，CO——进位脉冲输出端，CP——时钟输入端，CR——清除端，INH——禁止端，
$Q_0 \sim Q_9$——计数脉冲输出端。

CC4017的输出波形如图29-3所示。CC4017应用十分广泛，可用于十进制计数、分频、1/N计数（$N=2 \sim 10$ 只需用一块，$N>10$ 可用多块器件级连）。如图29-4所示为由两片CC4017组成的60分频的电路。

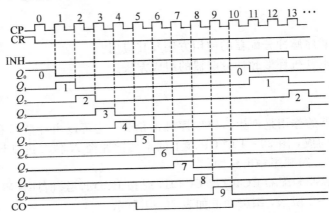

图29-3　CC4017的波形图

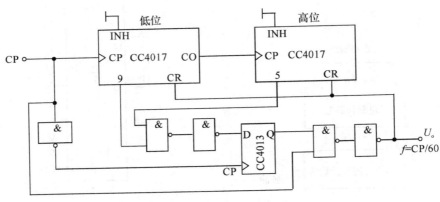

图29-4　60分频电路

（3）步进电动机的环形脉冲分配器。图29-5所示为某一三相步进电动机的驱动电路示意图。

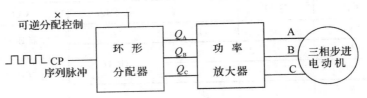

图29-5　三相步进电动机的驱动电路示意图

A、B、C分别表示步进电动机的三相绕组。步进电动机按三相六拍方式运行，即要求步进电动机正转时，控制端 $X=1$，使电动机三相绕组的通电顺序为 A→AB→B→BC→C→CA。要求步进电动机反转时，令控制端 $X=0$，三相绕组的通电顺序改为 A→AC→C→BC

→B→AB。

图 29-6 所示为由三个 JK 触发器构成的六拍通电方式的脉冲环形分配器，供参考。

要使步进电动机反转，通常应加有正转脉冲输入控制和反转脉冲输入控制端。此外，由于步进电动机三相绕组任何时刻都不得出现 A、B、C 三相同时通电或同时断电的情况，所以，脉冲分配器的三路输出不允许出现 111 和 000 两种状态，为此，可以给电路加初态预置环节。

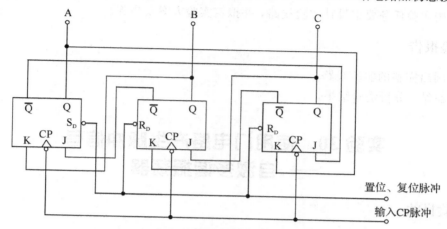

图 29-6 六拍通电方式的脉冲环形分配器逻辑图

三、实验设备

（1）+5 V 直流电源。

（2）双踪示波器。

（3）连续脉冲源。

（4）单次脉冲源。

（5）逻辑电平开关。

（6）逻辑电平显示器。

（7）CC4017×2，CC4013×2，CC4027×2，CC4011×2，CC4085×2。

四、实验内容

（1）CC4017 逻辑功能测试。

① 参照图 29-2，INH、CR 接逻辑开关的输出插口。CP 接单次脉冲源，0～9 十个输出端接至逻辑电平显示输入插口，按功能表要求操作各逻辑开关。清零后，连续送出 10 个脉冲信号，观察十个发光二极管的显示状态，并列表记录。

② CP 改接为 1 Hz 连续脉冲，观察并记录输出状态。

（2）按图 29-4 线路接线，自拟实验方案验证 60 分频电路的正确性。

（3）参照图 29-6 的线路，设计一个用环形分配器构成的驱动三相步进电动机可逆运行的三相六拍环形分配器线路。要求：

① 环形分配器用 CC4013 双 D 触发器、CC4085 与或非门组成。

② 由于电动机三相绕组在任何时刻都不应出现同时通电、同时断电情况，在设计中要注意并做到这一点。

③ 电路安装好后，先用手控送入 CP 脉冲进行调试，然后加入系列脉冲进行动态实验。

④ 整理数据，分析实验中出现的问题，作出实验报告。

五、实验注意事项

（1）复习有关脉冲分配器的原理。

（2）按实验任务要求设计实验线路，并拟定实验方案及步骤。

六、实验报告

（1）画出完整的实验线路。

（2）总结、分析实验结果。

实验 30　使用门电路产生脉冲信号
——自激多谐振荡器

一、实验目的

（1）掌握使用门电路构成脉冲信号产生电路的基本方法。

（2）掌握影响输出脉冲波形参数的定时元件数值的计算方法。

（3）学习石英晶体稳频原理及使用石英晶体构成振荡器的方法。

二、实验原理

与非门作为一个开关倒相器件，可用于构成各种脉冲波形的产生电路。电路的基本工作原理是利用电容器的充放电，当输入电压达到与非门的阈值电压 U_T 时，门的输出状态即发生变化。因此，电路输出的脉冲波形参数直接取决于电路中阻容元件的数值。

1. 非对称型多谐振荡器

如图 30-1 所示，非门 3 用于输出波形整形。非对称型多谐振荡器的输出波形是不对称的，当用 TTL 与非门组成时，输出脉冲宽度 $t_{w1}=RC$，$t_{w2}=1.2RC$，$T=2.2RC$。调节 R 和 C 值，可改变输出信号的振荡频率。通常用改变 C 来实现输出频率的粗调，改变电位器 R 来实现输出频率的细调。

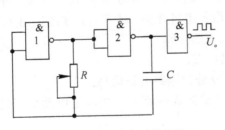

图 30-1　非对称型振荡器

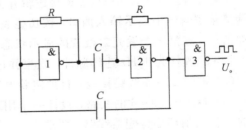

图 30-2　对称型振荡器

2. 对称型多谐振荡器

如图 30-2 所示，由于电路完全对称，电容器的充放电时间常数相同，故输出为对称的方波。改变 R 和 C 的值，可以改变输出振荡频率。非门 3 用于输出波形整形，一般取 $R \leqslant 1$ kΩ，当 $R=1$ kΩ，$C=100$ pF～100 μF 时，$f=n$ Hz～n MHz，脉冲宽度 $t_{w1}=t_{w2}=0.7RC$，$T=1.4RC$。

3. 带 RC 电路的环形振荡器

电路如图 30－3 所示，非门 4 用于输出波形整形，R 为限流电阻，一般取 100 Ω，电位器 R_w 要求 $\leqslant 1$ kΩ，电路利用电容 C 的充放电过程，控制 D 点的电压 U_D，从而控制与非门的自动启闭，形成多谐振荡。电容 C 的充电时间 t_{w1}、放电时间 t_{w2} 和总的振荡周期 T 分别为 $t_{w1} \approx 0.94RC$，$t_{w2} \approx 1.26RC$，$T \approx 2.2RC$。调节 R 和 C 的大小可改变电路输出的振荡频率。

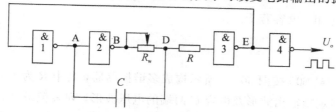

图 30－3　带有 RC 电路的环形振荡器

以上这些电路的状态转换都发生在与非门输入电平达到门的阈值电平 U_T 的时刻。在 U_T 附近电容器的充放电速度已经缓慢，而且 U_T 本身也不够稳定，易受温度、电源电压变化等因素以及干扰的影响，因此，电路输出频率的稳定性较差。

4. 石英晶体稳频的多谐振荡器

当要求多谐振荡器的工作频率稳定性很高时，上述几种多谐振荡器的精度已不能满足要求。为此常用石英晶体作为信号频率的基准，用石英晶体与门电路构成的多谐振荡器常用来为微型计算机等提供时钟信号。

图 30－4 所示为常用的晶体稳频多谐振荡器。图 30－4(a)、(b) 为 TTL 器件组成的晶体振荡电路；图 30－4(c)、(d) 为 CMOS 器件组成的晶体振荡电路，一般用于电子表中，其中晶体的 $f_0=32\ 768$ Hz。图 30－4(c)中，门 1 用于振荡，门 2 用于缓冲整形。R_f 是反馈电阻，通常在几十兆欧之间选取，一般选 22MΩ。R 起稳定振荡作用，通常取十千欧至几百千欧。C_1 是频率微调电容器，C_2 用于温度特性校正。

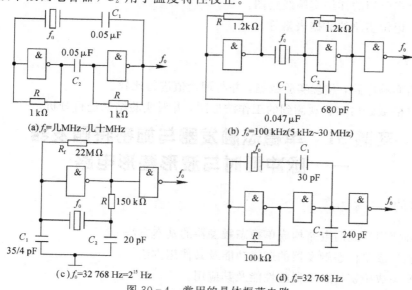

图 30－4　常用的晶体振荡电路

三、实验设备

(1) +5 V 直流电源。

(2) 双踪示波器。

(3) 数字频率计。

(4) 74LS00(或 CC4011)。

(5) 晶振 32 768 Hz。

(6) 电位器、电阻、电容若干。

四、实验内容

(1) 用与非门 74LS00 按图 30-1 所示构成多谐振荡器，其中 R 为 10 kΩ 电位器，C 为 0.01 μF。用示波器观察输出波形及电容 C 两端的电压波形，列表记录之。调节电位器观察输出波形的变化，测出上、下限频率。用一只 100 μF 电容器跨接在 74LS00 的 14 脚与 7 脚的最近处，观察输出波形的变化及电源上纹波信号的变化，记录之。

(2) 用 74LS00 按图 30-2 接线，取 $R=1$ kΩ，$C=0.047$ μF，用示波器观察输出波形，记录之。

(3) 用 74LS00 按图 30-3 接线，其中定时电阻 R_w 用一个 510 Ω 与一个 1 kΩ 的电位器串联，取 $R=100$ Ω，$C=0.1$ μF。R_w 调到最大时，观察并记录 A、B、D、E 及 U_o 各点电压的波形，测出 U_o 的周期 T 和负脉冲宽度(电容 C 的充电时间)并与理论计算值比较。改变 R_w 值，观察输出信号 U_o 波形的变化情况。

(4) 按图 30-4(c)接线，晶振选用电子表晶振 32 768 Hz，与非门选用 CC4011，用示波器观察输出波形，用频率计测量输出信号频率，记录之。

五、实验注意事项

(1) 复习自激多谐振荡器的工作原理。

(2) 画出实验用的详细实验线路图。

(3) 拟好记录实验的数据表格等。

六、实验报告

(1) 画出实验电路，整理实验数据，并与理论值进行比较。

(2) 用方格纸画出实验观测到的工作波形图，并对实验结果进行分析。

实验 31　单稳态触发器与施密特触发器
——脉冲延时与波形整形电路

一、实验目的

(1) 掌握使用集成门电路构成单稳态触发器的基本方法。

(2) 熟悉集成单稳态触发器的逻辑功能及其使用方法。

(3) 熟悉集成施密特触发器的性能及其应用。

二、实验原理

在数字电路中，常使用矩形脉冲作为信号进行信息传递，或作为时钟信号用来控制和驱动电路，使各部分协调动作。实验 13 是自激多谐振荡器，它是不需要外加信号触发的矩形波发生器。另一类是他激多谐振荡器，有单稳态触发器，它需要在外加触发信号的作用下输出具有一定宽度的矩形脉冲波，如施密特触发器（整形电路），它对外加输入的正弦波等波形进行整形，使电路输出矩形脉冲波。

1. 用与非门组成单稳态触发器

单稳态触发器利用与非门作开关，依靠定时元件 RC 电路的充放电路来控制与非门的启闭。单稳态电路有微分型与积分型两大类，这两类触发器对触发脉冲的极性与宽度有不同的要求。

（1）微分型单稳态触发器。如图 31－1 所示，该电路为负脉冲触发。其中，R_P、C_P 构成输入端微分隔直电路。R、C 构成微分型定时电路，定时元件 R、C 的取值不同，输出脉宽 t_w 也不同，$t_w \approx (0.7 \sim 1.3)RC$。与非门 G_3 起整形、倒相作用。

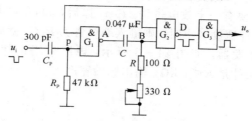

图 31－1 微分型单稳态触发器

如图 31－2 所示为微分型单稳态触发器各点的波形图，结合波形图说明其工作原理。

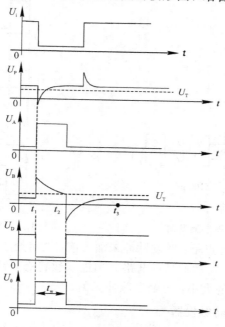

图 31－2 微分型单稳态触发器波形图

① 无外介触发脉冲时电路初始稳态（$t < t_1$ 前状态）。稳态时 U_i 为高电平。适当选择电阻 R 的阻值，使与非门 G_2 的输入电压 U_B 小于门的关门电平（$U_B < U_{off}$），则门 G_2 关闭，输出 U_D 为高电平。适当选择电阻 R_P 的阻值，使与非门 G_1 的输入电压 U_P 大于门的开门电平（$U_P > U_{on}$），于是 G_1 的两个输入端全为高电平，则 G_1 开启，输出 U_A 为低电平（为方便计算，取 $U_{off} = U_{on} = U_T$）。

② 触发翻转（$t = t_1$ 时刻）。U_i 负跳变，U_P 也负跳变，门 G_1 输出 U_A 升高，经电容 C 耦合，U_B 也升高，门 G_2 输出 U_D 降低，正反馈到 G_1 输入端，结果使 G_1 输出 U_A 由低电平迅速上跳至高电平，G_1 迅速关闭；U_B 也上跳至高电平，G_2 输出 U_D 则迅速下跳至低电平，G_2 迅速开通。

③ 暂稳状态（$t_1 < t < t_2$）。$t \geq t_1$ 以后，G_1 输出高电平，对电容 C 充电，U_B 随之按指数规律下降，但只要 $U_B > U_T$，G_1 关、G_2 开的状态将维持不变，U_A、U_D 也维持不变。

④ 自动翻转（$t = t_2$）。$t = t_2$ 时刻，U_B 下降至门的关门平 U_T，G_2 输出 U_D 升高，G_1 输出 U_A，正反馈作用使电路迅速翻转至 G_1 开启、G_2 关闭初始稳态。暂稳态时间的长短，取决于电容 C 的充电时间常数 $t = RC$。

⑤ 恢复过程（$t_2 < t < t_3$）。电路自动翻转到 G_1 开启、G_2 关闭后，U_B 不是立即回到初始稳态值，这是因为电容 C 要有一个放电过程。$t > t_3$ 以后，如 U_i 再出现负跳变，则电路将重复上述过程。如果输入脉冲宽度较小时，则输入端可省去 $R_P C_P$ 微分电路了。

（2）积分型单稳态触发器。如图 31 - 3 所示，电路采用正脉冲触发，工作波形如图 31 - 4 所示。电路的稳定条件是 $R \leq 1\ \text{k}\Omega$，输出脉冲宽度 $t_w \approx 1.1 RC$。

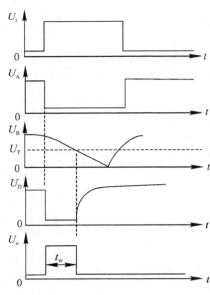

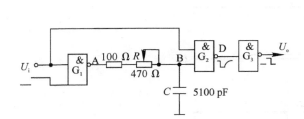

图 31 - 3　积分型单稳态触发器　　　　　　图 31 - 4　积分型单稳态触发器波形图

单稳态触发器的共同特点是：触发脉冲未加入前，电路处于稳态。此时，可以测得各门的输入和输出电位。加入触发脉冲后，电路立刻进入暂稳态，暂稳态的时间即输出脉冲的宽度 t_w 只取决于 RC 数值的大小，与触发脉冲无关。

2. 用与非门组成施密特触发器

施密特触发器能对正弦波、三角波等信号进行整形，并输出矩形波，图 13 - 5(a)、(b)

就是两种典型的电路。图 13-5(a)中，门 G_1、G_2 是基本 RS 触发器，门 G_3 是反相器，二极管 VD 起电平偏移作用，以产生回差电压，其工作情况如下：设 $U_i=0$，G_3 截止，$R=1$、$S=0$，$Q=1$，$\overline{Q}=0$，电路处于原态。U_i 由 0V 上升到电路的接通电位 U_T 时，G_3 导通，$R=0$，$S=1$，触发器翻转为 $Q=0$、$\overline{Q}=1$ 的新状态。此后 U_i 继续上升，电路状态不变。当 U_i 由最大值下降到 U_T 值的时间内，R 仍等于 0，$S=1$，电路状态也不变。当 $U_i \leqslant U_T$ 时，G_3 由导通变为截止，而 $U_s=U_T+U_D$ 为高电平，因而 $R=1$，$S=1$，触发器状态仍保持。只有 U_i 降至使 $U_s=U_T$ 时，电路才翻回到 $Q=1$、$\overline{Q}=0$ 的原态，电路的回差 $\Delta U=U_D$。

图 31-5(b)是由电阻 R_1、R_2 产生回差的电路。

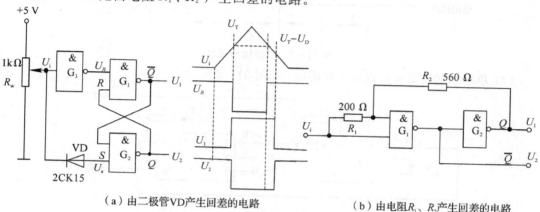

（a）由二极管 VD 产生回差的电路　　　　（b）由电阻 R_1、R_2 产生回差的电路

图 31-5　与非门组成施密特触发器

3. 集成双单稳态触发器 CC14528(CC4098)

图 31-6 为 CC14528(CC4098)的逻辑符号及功能表，该器件能提供稳定的单脉冲，脉宽由外部电阻 R_x 和外部电容 C_x 决定，调整 R_x 和 C_x 可使 Q 端和 $\overline{Q}$ 端输出脉冲宽度有一个较宽的范围。本器件可采用上升沿触发(+TR)也可用下降沿触发(-TR)，为使用带来很大的方便，在正常工作时，电路应由每一个新脉冲去触发。当采用上升沿触发时，为防止重复触发，$\overline{Q}$ 必须连到(-TR)端。同样，在使用下降沿触发时，Q 端必须连到(+TR)端。该单稳态触发器的时间周期约为 $T_x=R_x C_x$，所有的输出级都有缓冲级，以提供较大的驱动电流。

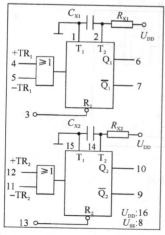

输入			输出	
+TR	-TR	$\overline{R}$	Q	$\overline{Q}$
⌐	1	1	⊓	⊔
⌐	0	1	Q	$\overline{Q}$
1	⌐	1	Q	$\overline{Q}$
0	⌐	1	⊓	⊔
×	×	0	0	1

图 31-6　CC14528 的逻辑符号及功能表

（1）单稳态触发器可实现脉冲延迟，如图 31-7 所示。

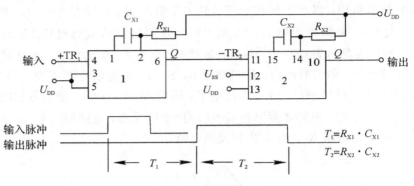

图 31-7 实现脉冲延迟

（2）单稳态触发器可实现多谐振荡器，如图 31-8 所示。

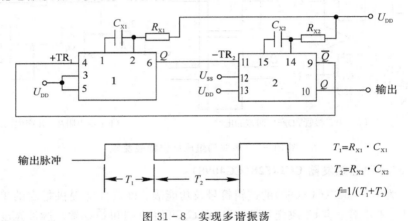

图 31-8 实现多谐振荡

4. 集成六施密特触发器 CC40106

如图 31-9 所示为 CC40106 的引脚排列，它可用于波形的整形，也可作反相器或构成单稳态触发器和多谐振荡器。

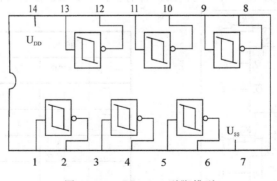

图 31-9 CC40106 引脚排列

（1）将正弦波转换为方波，如图 31-10 所示。

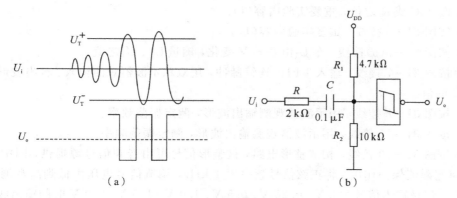

图 31-10　正弦波转换为方波

（2）构成多谐振荡器，如图 31-11 所示。

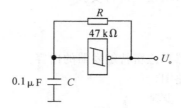

图 31-11　多谐振荡器

（3）构成单稳态触发器。图 31-12(a) 为下降沿触发，图 31-12(b) 为上升沿触发。

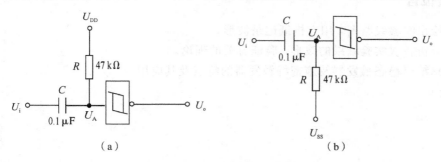

图 31-12　单稳态触发器

三、实验设备

（1）+5 V 直流电源。

（2）双踪示波器。

（3）连续脉冲源。

（4）数字频率计。

（5）CC4011，CC14528，CC40106，2CK15，电位器、电阻、电容若干。

四、实验内容

（1）按图 31-1 接线，输入 1 kHz 连续脉冲，用双踪示波器观察 U_i、U_P、U_A、U_B、U_D 及 U_o 的波形，记录之。

（2）改变 C 或 R 之值，重复实验内容（1）。

（3）按图 31-3 接线，重复实验内容（1）。

（4）按图 31-5（a）接线，令 U_i 由 0→5V 变化，测量 U_1、U_2 之值。

（5）按图 31-7 接线，输入 1 kHz 连续脉冲，用双踪示波器观测输入、输出波形，测定 U_1 与 U_2 的值。

（6）按图 31-8 接线，用示波器观测输出波形，测定振荡频率。

（7）按图 31-11 接线，用示波器观测输出波形，测定振荡频率。

（8）按图 31-10 接线，构成整形电路，被整形信号可由音频信号源提供，图中串联的 2 kΩ 电阻起限流保护作用。将正弦信号频率置 1 kHz，调节信号电压由低到高观测输出波形的变化。记录输入信号为 0 V、0.25 V、0.5 V、1.0 V、1.5 V、2.0 V 时的输出波形，记录之。

（9）分别按图 31-12（a）、（b）接线进行实验。

五、实验注意事项

（1）复习有关单稳态触发器和施密特触发器的内容。

（2）画出实验用的详细线路图。

（3）拟定各次实验的方法、步骤。

（4）拟好记录实验结果所需的数据、表格等。

六、实验报告

（1）绘出实验线路图，用方格纸记录波形。

（2）分析各次实验结果的波形，验证有关的理论。

（3）总结单稳态触发器及施密特触发器的特点及其应用。

第四章　电路综合设计实验

实验 32　智力竞赛抢答装置

一、实验目的

（1）学习数字电路中 D 触发器、分频电路、多谐振荡器、CP 时钟脉冲源等单元电路的综合运用。

（2）熟悉智力竞赛抢赛器的工作原理。

（3）了解简单数字系统实验、调试及故障排除方法。

二、实验原理

图 32-1 所示为供四人用的智力竞赛抢答装置原理图，用于判断抢答优先权。

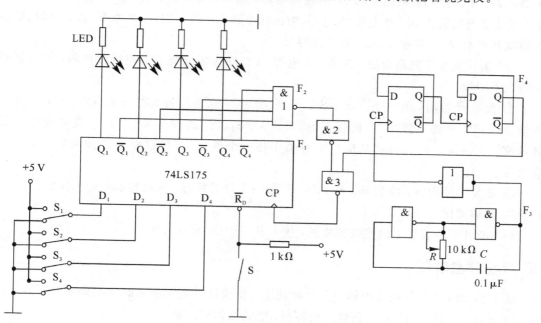

图 32-1　智力竞赛抢答装置原理图

图 32-1 中，F_1 为四 D 触发器 74LS175，它具有公共置 0 端和公共 CP 端，引脚排列见相关说明；F_2 为双 4 输入与非门 74LS20；F_3 是由 74LS00 组成的多谐振荡器；F_4 是由 74LS74 组成的四分频电路，F_3、F_4 组成抢答电路中的 CP 时钟脉冲源。抢答开始时，由主持人清除信号，按下复位开关 S，74LS175 的输出 $Q_1 \sim Q_4$ 全为 0，所有发光二极管 LED 均

熄灭，当主持人宣布"抢答开始"后，首先作出判断的参赛者立即按下开关，对应的发光二极管点亮，同时，通过与非门 F_2 送出信号锁住其余三个抢答者的电路，不再接受其他信号，直到主持人再次清除信号为止。

三、实验设备

(1) $+5$ V 直流电源。

(2) 逻辑电平开关。

(3) 逻辑电平显示器。

(4) 双踪示波器。

(5) 数字频率计。

(6) 直流数字电压表。

(7) 74LS175、74LS20、74LS74、74LS00。

四、实验内容

(1) 测试各触发器及各逻辑门的逻辑功能。试测方法参照实验 23 及实验 26 有关内容，判断器件的好坏。

(2) 按图 32-1 接线，抢答器五个开关接实验装置上的逻辑开关，发光二极管接逻辑电平显示器。断开抢答器电路中的 CP 脉冲源电路，单独对多谐振荡器 F_3 及分频器 F_4 进行调试，调整多谐振荡器 10 kΩ 电位器，使其输出脉冲频率约为 4 kHz，观察 F_3 及 F_4 输出波形并测试其频率(参照实验 23、26 有关内容)。

(3) 测试抢答器电路功能。接通 $+5$ 电源，CP 端接实验装置上连续脉冲源，取重复频率约为 1 kHz。

① 抢答开始前，开关 S_1、S_2、S_3、S_4 均置"0"，准备抢答，将开关 S 置"0"，发光二极管全熄灭，再将 S 置"1"。抢答开始，S_1、S_2、S_3、S_4 某一开关置"1"，观察发光二极管的亮、灭情况，然后再将其他三个开关中任一个置"1"，观察发光二极的亮、灭是否有改变。

② 重复①的内容，改变 S_1、S_2、S_3、S_4 任一个开关状态，观察抢答器的工作情况。

③ 整体测试。

(4) 断开实验装置上的连续脉冲源，接入 F_3 及 F_4，再进行实验。

五、实验注意事项

若在图 32-1 所示电路中加一个计时功能，要求计时电路显示时间精确到秒，最多限时为 2 分钟，一旦超出限时，则取消抢答权，电路该如何改进。

六、实验报告

(1) 分析智力竞赛抢答装置各部分功能及工作原理。

(2) 总结数字系统的设计、调试方法。

(3) 分析实验中出现的故障及解决办法。

实验 33　电 子 秒 表

一、实验目的

（1）学习数字电路中基本 RS 触发器、单稳态触发器、时钟发生器及计数、译码显示等单元电路的综合应用。

（2）学习电子秒表的调试方法。

二、实验原理

图 33-1 为电子秒表的原理图，按功能分成四个单元电路进行分析。

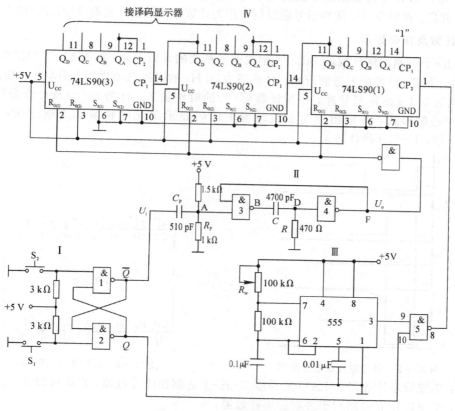

图 33-1　电子秒表原理图

1. 基本 RS 触发器

图 33-1 中单元 I 为由集成与非门构成的基本 RS 触发器，属低电平直接触发的触发器，有直接置位、复位的功能。基本 RS 触发器在电子秒表中的职能是启动和停止秒表的工作。

它的一路输出 $\overline{Q}$ 作为单稳态触发器的输入，另一路输出 Q 作为与非门 5 的输入控制信号。按动按钮开关 S_2（接地），则门 1 输出 $\overline{Q}=1$；门 2 输出 $Q=0$，S_2 复位后 Q、$\overline{Q}$ 状态保持不变。再按动按钮开关 S_1，则 Q 由 0 变为 1，门 5 开启，为计数器启动作好准备，$\overline{Q}$ 由 1 变为 0，送出负脉冲，启动单稳态触发器工作。

2. 单稳态触发器

图 33-1 中单元 II 为由集成与非门构成的微分型单稳态触发器，图 33-2 所示为各点波形图。单稳态触发器在电子秒表中的职能是为计数器提供清零信号。

单稳态触发器的输入触发负脉冲信号 U_i 由基本 RS 触发器的 $\overline{Q}$ 端提供，输出负脉冲 U_o。通过非门加到计数器的清除端 R。

静态时，门 4 应处于截止状态，故电阻 R 必须小于门的关门电阻 R_{off}。定时元件 RC 的取值不同，输出脉冲宽度也不同。当触发脉冲宽度小于输出脉冲宽度时，可以省去输入微分电路的 R_P 和 C_P。

3. 时钟发生器

图 33-1 中单元 III 为由 555 定时器构成的多谐振荡器，是一种性能较好的时钟源。

调节电位器 R_w，使输出端 3 获得频率为 50 Hz 的矩形波信号，当基本 RS 触发器 $Q=1$ 时，门 5 开启。此时 50 Hz 脉冲信号通过门 5 作为计数脉冲加于计数器(1)的计数输入端 CP_2。

4. 计数及译码显示

二-五-十进制加法计数器 74LS90 构成电子秒表的计数单元，如图 33-1 中的单元 IV 所示。其中计数器(1)接成五进制形式，对频率为 50 Hz 的时钟脉冲进行五分频，在输出端 Q_D 取得周期为 0.1 s 的矩形脉冲，作为计数器(2)的时钟输入。计数器(2)及计数器(3)接成 8421 码十进制形式，其输出端与实验装置上译码显示单元的相应输入端连接，可显示 0.1～0.9 秒、1～9.9 秒计时。

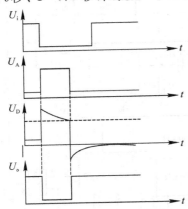

图 33-2 单稳态触发器波形图

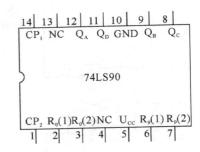

图 33-3 74LS90 引脚排列

注：集成异步计数器 74LS90 是异步二-五-十进制加法计数器，它既可以作二进制加法计数器，又可以作五进制和十进制加法计数器。

图 33-3 为 74LS90 引脚排列，表 33-1 为其功能表。通过不同的连接方式，74LS90 可以实现四种不同的逻辑功能，而且还可借助 $R_0(1)$、$R_0(2)$ 对计数器清零，借助 $S_9(1)$、$S_9(2)$ 将计数器置 9。其具体功能详述如下：

(1) 计数脉冲从 CP_1 输入，Q_A 作为输出端，为二进制计数器。

(2) 计数脉冲从 CP_2 输入，$Q_D Q_C Q_B$ 作为输出端，为异步五进制加法计数器。

(3) 若将 CP_2 和 Q_A 相连，计数脉冲由 CP_1 输入，Q_D、Q_C、Q_B、Q_A 作为输出端，则构成异步 8421 码十进制加法计数器。

(4) 若将 CP_1 与 Q_D 相连，计数脉冲由 CP_2 输入，Q_A、Q_D、Q_C、Q_B 作为输出端，则构

成异步 5421 码十进制加法计数器。

（5）清零、置 9 功能。

异步清零：当 $R_0(1)$、$R_0(2)$ 均为"1"，$S_9(1)$、$S_9(2)$ 中有"0"时，实现异步清零功能，即 $Q_D Q_C Q_B Q_A = 0000$。

置 9 功能：当 $S_9(1)$、$S_9(2)$ 均为"1"，$R_0(1)$、$R_0(2)$ 中有"0"时，实现置 9 功能，即 $Q_D Q_C Q_B Q_A = 1001$。

表 33 - 1

输　入						输　出				功能
清　0		置　9		时　钟						
$R_0(1)$、$R_0(2)$		$S_9(1)$、$S_9(2)$		CP_1	CP_2	Q_D	Q_C	Q_B	Q_A	
1	1	0	×	×	×	0	0	0	0	清零
		×	0							
0	×	1	1	×	×	1	0	0	1	置 9
×	0									
0	×	0	×	↓	1					二进制计数
×	0	×	0	1	↓					五进制计数
				↓	Q_A					十进制计数
				Q_D	↓					十进制计数
				1	1	不　变				保　持

（说明：时钟列各行输出栏依次为：Q_A 输出；$Q_D Q_C Q_B$ 输出；$Q_D Q_C Q_B Q_A$ 输出 8421BCD 码；$Q_A Q_D Q_C Q_B$ 输出 5421BCD 码）

三、实验设备

（1）+5 V 直流电源。

（2）双踪示波器。

（3）直流数字电压表。

（4）数字频率计。

（5）单次脉冲源。

（6）连续脉冲源。

（7）逻辑电平开关。

（8）逻辑电平显示器。

（9）译码显示器。

（10）74LS00×2，555×1，74LS90×3，电位器、电阻、电容若干。

四、实验内容

由于实验电路中使用的器件较多，实验前必须合理安排各器件在实验装置上的位置，使电路逻辑清楚，接线较短。

实验时，应按照实验任务的次序，将各单元电路逐个进行接线和调试，即分别测试基本 RS 触发器、单稳态触发器、时钟发生器及计数器的逻辑功能，待各单元电路工作正常后,再将有关电路逐级连接起来进行测试,直到测试电子秒表整个电路的功能。这样的测试方法有利于检查和排除故障,保证实验顺利进行。

(1) 基本 RS 触发器的测试。测试方法参考实验 26。

(2) 单稳态触发器的测试。

① 静态测试。用直流数字电压表测量 A、B、D、F 各点的电位值,记录之。

② 动态测试。输入端接 1 kHz 连续脉冲源,用示波器观察并描绘 D 点(U_D)、F 点(U_0)波形。如嫌单稳输出脉冲持续时间太短,难以观察,可适当加大微分电容 C(如改为 0.1 μF),待测试完毕再恢复为 4700 pF。

(3) 时钟发生器的测试。测试方法参考实验 30,用示波器观察输出电压波形并测量其频率,调节 R_w,使输出矩形波频率为 50 Hz。

(4) 计数器的测试。

① 计数器(1)接成五进制形式,$R_0(1)$、$R_0(2)$、$S_9(1)$、$S_9(2)$ 接逻辑开关输出插口,CP_2 接单次脉冲源,CP_1 接高电平"1",$Q_D \sim Q_A$ 接实验设备上译码显示输入端 D、C、B、A,按表 33-1 测试其逻辑功能,记录之。

② 计数器(2)及计数器(3)接成 8421 码十进制形式,同实验内容(1)一样进行逻辑功能测试。记录之。

③ 将计数器(1)、(2)、(3)级连起来进行逻辑功能测试,记录之。

(5) 电子秒表的整体测试。各单元电路测试正常后,按图 33-1 将几个单元电路连接起来,进行电子秒表的总体测试。

先按一下按钮开关 S_2,此时电子秒表不工作,再按一下按钮开关 S_1,则计数器清零后便开始计时,观察数码管显示计数情况是否正常。如不需要计时或暂停计时,按一下开关 S_2,计时立即停止,但数码管保留所计时之值。

(6) 电子秒表准确度的测试。利用电子钟或手表的秒计时对电子秒表进行校准。

五、实验注意事项

(1) 复习数字电路中 RS 触发器、单稳态触发器、时钟发生器及计数器等部分内容。

(2) 除了本实验中所采用的时钟源外,选用另外两种不同类型的时钟源供本实验用。画出电路图,选取元器件。

(3) 列出电子秒表单元电路的测试表格。

(4) 列出调试电子秒表的步骤。

六、实验报告

(1) 总结电子秒表整个调试过程。

(2) 分析调试中发现的问题及故障排除方法。

实验 34　拔河游戏机

一、实验目的

根据给定实验设备和主要元器件,按照电路的各部分组成一个完整的拔河游戏机。

(1) 拔河游戏机需用 15 个(或 9 个)发光二极管排列成一行,开机后只有中间一个点亮，以此作为拔河的中心线。游戏双方各持一个按键，迅速、不断地按动以产生脉冲，谁按得快，亮点就向哪方移动，每按一次，亮点移动一次。移到任一方终端，二极管点亮，这一方就得胜，此时双方按键均无作用，输出保持，只有经复位后才能使亮点恢复到中心线。

（2）显示器显示胜者的盘数。

二、实验原理

（1）拔河游戏机线路框图如图 34-1 所示。

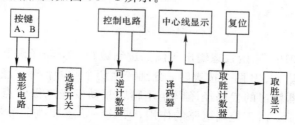

图 34-1　拔河游戏机线路框图

（2）拔河游戏机整机线路图如图 34-2 所示。

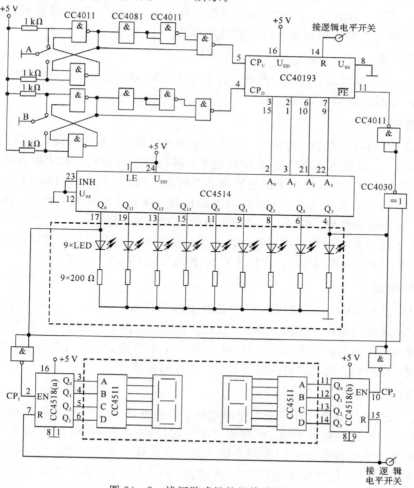

图 34-2　拔河游戏机整机线路图

三、实验设备

(1) +5 V 直流电源。

(2) 译码显示器。

(3) 逻辑电平开关。

(4) CC4514：4 线-16 线译码/分配器；CC40193：同步递增/递减 二进制计数器；CC4518：十进制计数器；CC4081：与门；CC4011×3：与非门；CC4030：异或门；电阻：1 kΩ×4。

四、实验内容

可逆计数器 CC40193 原始状态输出 4 位二进制数 0000，经译码器输出使中间的一个发光二极管点亮。当按动 A、B 两个按键时，分别产生两个脉冲信号，经整形后分别加到可逆计数器上，可逆计数器输出的代码经译码器译码后驱动发光二极管点亮并产生位移，当亮点移到任何一方终端后，由于控制电路的作用，使这一状态被锁定而对输入脉冲不起作用。如按动复位键，亮点又回到中点位置，比赛又可重新开始。

将双方终端二极管的正端分别经两个与非门后接至两个十进制计数器 CC4518 的允许控制端 EN，当任一方取胜，该方终端二极管点亮，产生一个下降沿使其对应的计数器计数。这样，计数器的输出即显示了胜者取胜的盘数。

1. 编码电路

编码器有两个输入端，四个输出端，由于要进行加/减计数，因此选用 CC40193 双时钟二进制同步加/减计数器来完成。

2. 整形电路

CC40193 是可逆计数器，控制加减的 CP 脉冲分别加至 5 脚和 4 脚，此时当电路要求进行加法计数时，减法输入端 CP_D 必须接高电平；进行减法计数时，加法输入端 CP_U 也必须接高电平，若直接由 A、B 键产生的脉冲加到 5 脚或 4 脚，那么就有很多时机在进行计数输入时另一计数输入端为低电平，使计数器不能计数，双方按键均失去作用，拔河比赛不能正常进行。加一整形电路，使 A、B 两键出来的脉冲经整形后变为一个占空比很大的脉冲，这样就减少了进行某一计数时另一计数输入为低电平的可能性，从而使每按一次键都有可能进行有效的计数。整形电路由与门 CC4081 和与非门 CC4011 实现。

3. 译码电路

选用 4-16 线 CC4514 译码器。译码器的输出 $Q_0 \sim Q_{14}$ 分接 15 个（或 9 个）个发光二极管，二极管的负端接地，正端接译码器，这样，当输出为高电平时发光二极管点亮。

比赛准备，译码器输入为 0000，Q_0 输出为"1"，中心处二极管首先点亮，当编码器进行加法计数时，亮点向右移，进行减法计数时，亮点向左移。

4. 控制电路

为了指示出谁胜谁负，需用一个控制电路。当亮点移到任何一方的终端时，判该方为胜，此时双方的按键均宣告无效，此电路可用异或门 CC4030 和非门 CC4011 来实现。将双方终端二极管的正极接至异或门的两个输入端，当获胜一方为"1"时，另一方则为"0"，异或门输出为"1"，经非门产生低电平"0"，再送到 CC40193 计数器的置数端 $\overline{PE}$，于是计数器停止计数，处于预置状态，由于计数器数据端 A、B、C、D 和输出端 Q_A、Q_B、Q_C、Q_D 对应相连，输入也就是输出，从而使计数器对输入脉冲不起作用。

5. 胜负显示

将双方终端二极管的正极经非门后的输出分别接到两个 CC4518 计数器的 EN 端，CC4518 的两组 4 位 BCD 码分别接到实验装置的两组译码显示器的 A、B、C、D 插口处。当一方取胜时，该方终端二极管发亮，产生一个上升沿，使相应的计数器进行加一计数，于是就得到了双方取胜次数的显示。若一位数不够，则进行二位数的级联。

6. 复位

为了能进行多次比赛需要进行复位操作，使亮点返回中心点，可用一个开关控制 CC40193 的清零端 R 即可。胜负显示器的复位也可用一个开关来控制胜负计数器 CC4518 的清零端 R，使其重新计数。

五、实验注意事项

特别注意各个元器件的接线和整个电路的连接。

六、实验报告

讨论实验结果，总结实验收获。

实验 35　温度监测及控制电路

一、实验目的

（1）学习由双臂电桥和差动输入集成运放组成的桥式放大电路。
（2）掌握滞回比较器的性能和调试方法。
（3）学会系统测量和调试。

二、实验原理

实验电路如图 35 - 1 所示，它是由负温度系数电阻特性的热敏电阻（NTC 元件）R_t 为一臂组成测温电桥，其输出经测量放大器放大后由滞回比较器输出"加热"与"停止"信号，经三极管放大后控制加热器"加热"与"停止"。改变滞回比较器的比较电压 U_R 即可改变控温的范围，而控温的精度则由滞回比较器的滞回宽度确定。

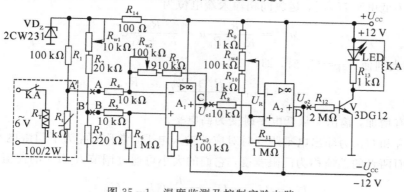

图 35 - 1　温度监测及控制实验电路

（1）测温电桥。由 R_1、R_2、R_3、R_{w1} 及 R_t 组成测温电桥，其中 R_t 是温度传感器，其呈现出的阻值与温度成线性变化关系且具有负温度系数，而温度系数又与流过它的工作电流有关。为了稳定 R_t 的工作电流，达到稳定其温度系数的目的，设置了稳压管 VD_Z。R_{w1} 可决定测温电桥的平衡。

（2）差动放大电路。由 A_1 及外围电路组成的差动放大电路，将测温电桥输出电压 ΔU 按比例放大，其输出电压

$$U_{o1} = -\left(\frac{R_7 + R_{w2}}{R_4}\right)U_A + \left(\frac{R_4 + R_7 + R_{w2}}{R_4}\right)\left(\frac{R_6}{R_5 + R_6}\right)U_B$$

当 $R_4 = R_5$，$R_7 + R_{w2} = R_6$ 时，有

$$U_{o1} = \frac{R_7 + R_{w2}}{R_4}(U_B - U_A)$$

式中，R_{w3} 用于差动放大器调零。可见差动放大电路的输出电压 U_{o1} 仅取决于两个输入电压之差和外部电阻的比值。

（3）滞回比较器。滞回比较器的单元电路如图 35-2 所示，设比较器输出高电平为 U_{oH}，输出低电平为 U_{oL}，参考电压 U_R 加在反相输入端。

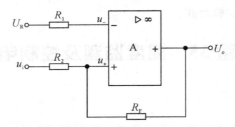

图 35-2　同相滞回比较器

当输出为高电平 U_{oH} 时，运放同相输入端电位为

$$u_{+H} = \frac{R_F}{R_2 + R_F}u_i + \frac{R_2}{R_2 + R_F}U_{oH}$$

当 u_i 减小到使 $u_{+H} = U_R$ 时，即

$$u_i = u_{TL} = \frac{R_2 + R_F}{R_F}U_R - \frac{R_2}{R_F}U_{oH}$$

此后，u_i 稍有减小，输出就从高电平跳变为低电平。

当输出为低电平 U_{oL} 时，运放同相输入端电位为

$$u_{+L} = \frac{R_F}{R_2 + R_F}u_i + \frac{R_2}{R_2 + R_F}U_{oL}$$

当 u_i 增大到使 $u_{+L} = U_R$ 时，即

$$u_i = U_{TH} = \frac{R_2 + R_F}{R_F}U_R - \frac{R_2}{R_F}U_{oL}$$

此后，u_i 稍有增加，输出又从低电平跳变为高电平。

因此 U_{TL} 和 U_{TH} 为输出电平跳变时对应的输入电平，常称 U_{TL} 为下门限电平，U_{TH} 为上门限电平，而两者的差值称为门限宽度，它们的大小可通过调节 R_2/R_F 的比值来调节，有

$$U_T = U_{TH} - U_{TL} = \frac{R_2}{R_F}(U_{oH} - U_{oL})$$

图 35-3 所示为滞回比较器的电压传输特性。

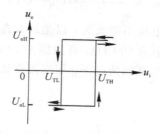

图 35-3　电压传输特性

由上述分析可见，差动放大器输出电压 u_{o1} 经分压后由 A_2 组成的滞回比较器输出，与反相输入端的参考电压 U_R 相比较。当同相输入端的电压信号大于反相输入端的电压时，A_2 输出正饱和电压，三极管 V 饱和导通。通过发光二极管 LED 的发光情况，可见负载的工作状态为加热。反之，当同相输入信号小于反相输入端电压时，A_2 输出负饱和电压，三极管 V 截止，LED 熄灭，负载的工作状态为停止。调节 R_{w4} 可改变参考电平，也同时调节了上、下门限电平，从而达到设定温度的目的。

三、实验设备

(1) ± 12 V 直流电源。

(2) 函数信号发生器。

(3) 双踪示波器。

(4) 热敏电阻（NTC）。

(5) 运算放大器 $\mu A741 \times 2$，晶体三极管 3DG12，稳压管 2CW231，发光管 LED。

四、实验内容

按图 35-1 连接实验电路，各级之间暂不连通，形成各级单元电路，以便各单元分别进行调试。

1. 差动放大器

差动放大电路如图 35-4 所示，它可实现差动比例运算。

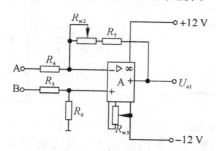

图 35-4　差动放大电路

(1) 运放调零。将 A、B 两端对地短路，调节 R_{w3} 使 $U_o = 0$。

(2) 去掉 A、B 端对地短路线，从 A、B 端分别加入两个不同的直流电平，当电路中 $R_7 + R_{w2} = R_6$，$R_4 = R_5$ 时，其输出电压为

$$u_{o} = \frac{R_7 + R_{w2}}{R_4}(U_B - U_A)$$

测试时，要注意加入的输入电压不能太大，以免放大器输出进入饱和区。

（3）将 B 点对地短路，把频率为 100 Hz、有效值为 10 mV 的正弦波加入 A 点，用示波器观察输出波形。在输出波形不失真的情况下，用交流毫伏表测出 u_i 和 u_o 的电压，算得此差动放大电路的电压放大倍数 A_u。

2. 桥式测温放大电路

将差动放大电路的 A、B 端与测温电桥的 A′、B′ 端相连，构成一个桥式测温放大电路。

（1）在室温下使电桥平衡。在实验室室温条件下，调节 R_{w1}，使差动放大器输出 $U_{o1} = 0$（注意：前面实验中调好的 R_{w3} 不能再动）。

（2）温度系数 $K(V/C)$。由于测温需升温槽，为使实验简易，可虚设室温 T 及输出电压 u_{o1}，温度系数 K 也定为一个常数，具体参数由读者自行填入表 35-1 内。

表 35 - 1

温度 $T/℃$	室温/℃			
输出电压 U_{o1}/V	0			

从表 35-1 中可得到 $K = \Delta U / \Delta T$。

（3）桥式测温放大器的温度-电压关系曲线。根据前面测温放大器的温度系数 K，可画出测温放大器的温度-电压关系曲线，实验时要标注相关的温度和电压的值，如图 35-5 所示。从图中可求得在其他温度时放大器实际应输出的电压值，也可得到在当前室温时 U_{o1} 的实际对应值 U_s。

（4）重调 R_{w1}，使测温放大器在当前室温下输出 U_s，即调节 R_{w1}，使 $U_{o1} = U_s$。

3. 滞回比较器

滞回比较器电路如图 35-6 所示。

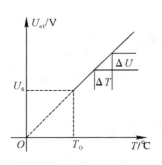

图 35-5　温度-电压关系曲线

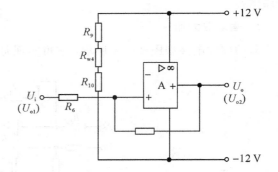

图 35-6　滞回比较器电路

（1）直流法测试比较器的上、下门限电平。首先确定参考电平 U_R 值。调 R_{w4}，使 $U_R = 2$ V。然后将可变的直流电压 U_i 加入比较器的输入端，比较器的输出电压 U_o 送入示波器的 Y 输入端（将示波器的"输入耦合方式开关"置于"DC"，X 轴"扫描触发方式开关"置于"自动"）。改变直流输入电压 U_i 的大小，从示波器屏幕上观察到当 u_o 跳变时所对应的 U_i 值，即为上、下门限电平。

（2）交流法测试电压传输特性曲线。将频率为 100 Hz、幅度 3 V 的正弦信号加入比较器输入端，同时送入示波器的 X 轴输入端，作为 X 轴扫描信号。比较器的输出信号送入示波器的 Y 轴输入端。微调正弦信号的大小，可从示波器显示屏上看到完整的电压传输特性曲线。

4. 温度检测控制电路整机工作状况

（1）按图 35-1 连接各级电路。（注意：可调元件 R_{w1}、R_{w2}、R_{w3} 不能随意变动，如有变动，必须重新进行前面内容。）

（2）根据所需检测报警或控制的温度 T，从测温放大器温度-电压关系曲线中确定对应的 u_{o1} 值。

（3）调节 R_{w4} 使参考电压 $U_R' = U_R = U_{o1}$。

（4）用加热器升温，观察温升情况，直至报警电路动作报警（在实验电路中当 LED 发光时作为报警），记下动作时对应的温度值 t_1 和 U_{o11} 的值。

（5）用自然降温法使热敏电阻降温，记下电路解除时所对应的温度值 t_2 和 U_{o12} 的值。

（6）改变控制温度 T，重做（2）、（3）、（4）、（5）的内容，把测试结果记入表 35-2。根据 t_1 和 t_2 值，可得到检测灵敏度 $t_0 = (t_2 - t_1)$。

表 35-2

	设定温度 $T/℃$							
设定电压	从曲线上查得 U_{o1}							
	U_R							
动作温度	$T_1/℃$							
	$T_2/℃$							
动作电压	U_{o11}/V							
	U_{o12}/V							

注：实验中的加热装置可用一个 100 Ω/2 W 的电阻 R_T 模拟，将此电阻靠近 R_t 即可。

五、实验注意事项

（1）阅读教材中有关集成运算放大器应用部分的章节。了解集成运算放大器构成的差动放大器等电路的性能和特点。

（2）根据实验任务，拟出实验步骤及测试内容，画出数据记录表格。

（3）依照实验线路板上集成运放插座的位置，从左到右安排前后各级电路。

（4）画出元件排列及布线图。元件排列既要紧凑，又不能相碰，以便缩短连线，防止引入干扰，同时又要便于实验中测试方便。

（5）思考并回答下列问题：

① 如果放大器不进行调零，将会引起什么结果？

② 如何设定温度检测控制点？

（6）用方格纸画出测温放大电路的温度系数曲线及比较器的电压传输特性曲线。

（7）总结实验中的故障排除情况及体会。

六、实验报告

整理实数据，画出有关曲线、数据表格以及实验线路。

附　　录

附录 1　ST16B 示波器

ST16B 型示波器的前面板结构如附图 1-1 所示。

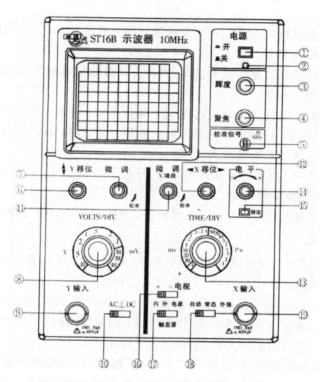

附图 1-1　ST16B 型示波器的前面板

1. 示波器各控制件的作用。

（1）电源开关。接通或关闭电源。

（2）电源指示灯。电源接通时灯亮。

（3）亮度。调节光迹的亮度，顺时针方向旋转光迹增亮。

（4）聚焦。调节光迹的清晰度。

（5）校准信号。输出频率为 1 kHz、幅度为 0.5 V 的方波信号，用于校正 10∶1 探极，以及示波器的垂直和水平偏转因素。

（6）Y 移位。调节光迹在屏幕上的垂直位置。

（7）微调。连续调节垂直偏转因素，顺时针旋转到底为校准位置。

（8）Y 衰减开关。调节垂直偏转因素。

（9）信号输入端子。Y 信号输入端。

（10）AC⊥DC（Y 耦合方式）。选择输入信号的耦合方式。AC：输入信号经电容耦合输入；DC：输入信号直接输入；⊥：Y 放大器输入端被接地。

（11）微调、X 增益。当在"自动、常态"方式时，可连续调节扫描时间因数，顺时针旋转到底为校准位置；当在"外接"时，此旋钮可连续调节 X 增益，顺时针旋转为灵敏度提高。

（12）X 移位。调节光迹在屏幕上的水平位置。

（13）TIME/DIV（扫描时间）。调节扫描时间因数。

（14）电平。调节被测信号在某一电平上触发扫描。

（15）锁定。此键按下后，能自动锁定触发电平，无需人工调节，就能稳定显示被测信号。

（16）＋、－（触发极性）、电视。＋：选择信号的上升沿触发；－：选择信号的下降沿触发；电视：用于同步电视信号。

（17）内、外、电源（触发源选择开关）。内：选择内部信号触发；外：选择外部信号触发；电源：选择电源信号触发。

（18）自动、常态、外接（触发方式）。自动：无信号时，屏幕上显示光迹；有信号时，与"电平"配合稳定地显示波形；常态：无信号时，屏幕上无光迹；有信号时，与"电平"配合稳定地显示波形；外接：X－Y 工作方式。

（19）信号输入端子。当触发方式开关处于"外接"时，为 X 信号输入端；当触发源选择开关处于"外"时，为外触发输入端。

（20）电源插座及保险丝座。220 V 电源插座，保险丝 0.5 A（在后面板上）。

2. 示波器的使用

（1）将示波器的垂直衰减开关（8）置于 0.1 V，微调（7）、（11）置于校准位置，自动、常态、外接（18）置于自动，TIME/DIV（13）置于 0.2 ms，＋、－（16）置于＋，内、外、电源（17）置于内，AC、⊥、DC（10）置于 AC，位移（6）、（12）置于中间，接通电源，适当调节"辉度"、"聚焦"两旋钮，荧屏上应出现一条水平亮线，调节"X 移位"，亮线应在水平方向左、右移动，调节"Y 移位"，亮线应在垂直方向上、下移动。

（2）用带探极的电缆将"校准信号"与"Y 输入"相连（即将机内校准信号接到示波器的 Y 轴），当探极置于 1∶1 位置时，按下"锁定"键，荧光屏上应出现垂直距离为 5 格、水平距离为 2 格的方波。

（3）将待测信号接到"Y 输入"，适当调节"VOLTS/DIV"、"TIME/DIV"两旋钮，使荧光屏上出现幅度大小合适的 2～3 个完整波形，按下"锁定"键，使波形稳定。

（4）补偿探极的使用，进行信号测量时一般使用探极作为信号源与仪器之间的连接。本机使用 10∶1 与 1∶1 可转换探极，"×1"为 1∶1，"1×10"为 10∶1，探针置于"×10"位置时，即把信号缩小了 10 倍。

附录 2　YB1610 函数信号发生器

YB1610 型函数信号发生器前面板结构如附图 2-1 所示。

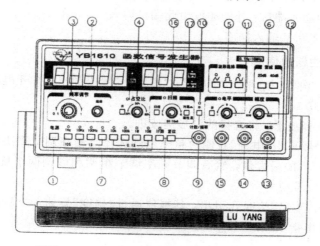

附图 2-1　YB1610 系列函数信号发生器前面板

1. 函数信号发生器各控制件的作用

（1）电源开关（POWER）：将电源开关按键弹出即为"关"位置，将电源线接入，按电源开关接通电源。

（2）LED 显示窗口，此窗口指示输出信号的频率，当"外测"开关按入，显示外测信号的频率，如超出测量范围，溢出指示灯亮。

（3）频率调节旋钮（FREQUENCY）：调节此旋钮改变输出信号频率，顺时针旋转，频率增大，逆时针旋转，频率减小，微调旋钮可以微调频率。

（4）占空比（DUTY）：占空比开关，占空比调节旋钮，将占空比开关按入，占空比指示灯亮。调节占空比旋钮，可改变波形的占空比。

（5）波形选择开头（WAVE FORM）：按对应波形的某一键，可选择需要的波形。

（6）衰减开头（ATTEV）：电压输出衰减开关，两挡开关组合为 20 dB、40 dB、60 dB。

（7）频率范围选择开头（并兼频率计闸门开关）：根据所需的频率按其中一键。

（8）计数、复位开关：按计数键，LED 显示开始计数，按复位键，LED 显示全为 0。

（9）计数/频率端口：计数、外测频率输入端口。

（10）外测频开关：此开关按入 LED 显示窗显示外测信号频率或计数值。

（11）电平调节：按入电平调节开关，电平指示灯亮，此时调节电平调节旋钮，可改变直流偏置电平。

（12）幅度调节旋钮（AMPLITUDE）：顺时针调节此旋钮可增大电压输出幅度，逆时针调节此旋钮可减小电压输出幅度。

（13）电压输出端口（VOLTAGE OUT）：电压输出由此端口输出。

（14）TTL/CMOS 输出端口：由此端口输出 TTL/CMOS 信号。

（15）VCF：由此端口输入电压控制频率变化。

（16）扫频：按入扫频开关，电压输出端口信号为扫频信号，调节速率旋钮，可改变扫频速率，改变线性/对数开关可产生线性扫频和对数扫频。

（17）电压输出指示：3 位 LED 显示输出电压值，输出接 50Ω 负载时应将读数除以 2。

（18）50 Hz 正弦波输出端口：50 Hz 约 $2V_{p-p}$ 正弦波由此端口输出。

（19）调频（FM）输入端口：外调频波由此端口输入。

（20）交流电源 220 V 输入插座。

2．函数信号发生器的使用

（1）将"衰减"、"外"、"电平"、"扫描"、"占空比"置于弹出，打开电源，函数信号发生器默认 10 k 挡正弦波。

（2）根据需要选择波形：将选择的波形键按进。

（3）输出的信号频率由"电源"右侧的频率范围选择及频率调节来决定。先在频率范围选择按进所需信号频率的最大值，然后调节频率调节粗调和微调两个旋钮，使"LED 显示窗口（2）"显示所需信号频率。

（4）输出电压由"输出"接线孔引出，其幅值通过"幅度"旋钮和"衰减"键调节，输出电压的幅值由"电压输出指示（17）"显示。

附录3　电阻器的标称值及精度色环标志法

色环标志法是指用不同颜色的色环在电阻器表面标称阻值和允许偏差。

1. 两位有效数字的色环标志法

普通电阻器用四条色环表示标称阻值和允许偏差，其中三条表示阻值，一条表示偏差，如附图3－1所示。

2. 三位有效数字的色环标志法

精密电阻器用五条色环表示标称阻值和允许偏差，如附图3－2所示。

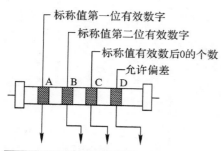

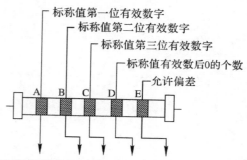

颜色	第一位有效数	第二位有效数	倍率	允许偏差
黑	0	0	10^0	
棕	1	1	10^1	
红	2	2	10^2	
橙	3	3	10^3	
黄	4	4	10^4	
绿	5	5	10^5	
蓝	6	6	10^6	
紫	7	7	10^7	
灰	8	8	10^8	
白	9	9	10^9	$+50\%$ -20%
金			10^{-1}	$\pm5\%$
银			10^{-2}	$\pm10\%$
无色				$\pm20\%$

颜色	第一位有效数	第二位有效数	第三位有效数	倍率	允许偏差
黑	0	0	0	10^0	
棕	1	1	1	10^1	$\pm1\%$
红	2	2	2	10^2	$\pm2\%$
橙	3	3	3	10^3	
黄	4	4	4	10^4	
绿	5	5	5	10^5	$\pm0.5\%$
蓝	6	6	6	10^6	$\pm0.25\%$
紫	7	7	7	10^7	$\pm0.1\%$
灰	8	8	8	10^8	
白	9	9	9	10^9	
金				10^{-1}	
银				10^{-2}	

附图3－1　两位有效数字的阻值色环标志法　　　　附图3－2　三位有效数字的阻值色环标志法

示例：

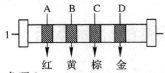

1

红　黄　棕　金

如：色环 1

　　A-红色；B-黄色；

　　C-棕色；D-金色

则该电阻的标称值为 $24 \times 10^1 = 240\ \Omega$，
精度为 $\pm 5\%$。

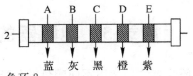

2

蓝　灰　黑　橙　紫

如：色环 2

　　A-蓝色；B-灰色；

　　C-黑色；D-橙色；E-金色

则该电阻的标称值为 $680 \times 10^3 = 680\ \mathrm{k}\Omega$，
精度为 $\pm 0.1\%$。

附录4　万用电表对常用电子元器件的检测

万用表可以对晶体二极管、三极管、电阻、电容等进行粗测。万用表电阻挡等值电路如附图 4-1 所示，其中 R_0 为等效电阻，E_0 为表内电池，当万用表处于 $R\times1$、$R\times100$、$R\times1k$ 挡时，$E_0=1.5$ V，而处于 $R\times10k$ 挡时，$E_0=15$ V。测试电阻时要记住，红表笔接在表内电池负端（表笔插孔标"＋"号），而黑表笔接在正端（表笔插孔标"－"号）。

1. 晶体二极管管脚极性、质量的判别

晶体二极管由一个 PN 结组成，具有单向导电性，其正向电阻小（一般为几百欧），而反向电阻大（一般为几十千欧至几百千欧），可利用此点进行判别。

（1）管脚极性判别。将万用表拨到 $R\times100$（或 $R\times1k$）的欧姆挡，将二极管的两只管脚分别接到万用表的两根测试笔上，如附图 4-2 所示。如果测出的电阻较小（约几百欧），则与万用表黑表笔相接的一端是正极，另一端就是负极。相反，如果测出的电阻较大（约几百千欧），那么与万用表黑表笔相连接的一端是负极，另一端就是正极。

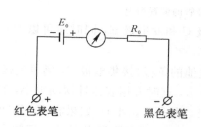

图 4-1　万用表电阻挡等值电路

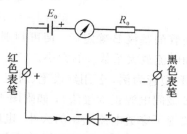

附图 4-2　判断二极管极性

（2）判别二极管质量的好坏。一个二极管的正、反向电阻差别越大，其性能就越好。如果双向电阻值都较小，说明二极管质量差，不能使用；如果双向阻值都为无穷大，则说明该二极管已经断路；如双向阻值均为零，说明二极管已被击穿。

利用数字万用表的二极管挡也可判别管脚的正、负极，此时红表笔（插在"V·Ω"插孔）带正电，黑表笔（插在"COM"插孔）带负电。用两支表笔分别接触二极管的两个电极，若显示值在 1V 以下，说明管子处于正向导通状态，红表笔接的是正极，黑表笔接的是负极；若显示溢出符号"1"，表明管子处于反向截止状态，黑表笔接的是正极，红表笔接的是负极。

2. 晶体三极管管脚、质量的判别

可以把晶体三极管的结构看做两个背靠背的 PN 结，对 NPN 型来说，基极是两个 PN 结的公共阳极；对 PNP 型管来说，基极是两个 PN 结的公共阴极，分别如附图 4-3(a)、(b)所示。

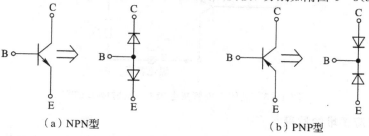

（a）NPN型　　　　　　　　　　（b）PNP型

附图 4-3　晶体三极管结构示意图

（1）管型与基极的判别。万用表置电阻挡，量程选 1k 挡（或 $R \times 100$），将万用表任一表笔先接触某一个电极假定的公共极，另一表笔分别接触其他两个电极，当两次测得的电阻均很小（或均很大），则前者所接电极就是基极，如两次测得的阻值一大一小，相差很多，则前者假定的基极有错，应更换其他电极重测。

根据上述方法可以找出公共极，即基极 B，若公共极是阳极，该管属 NPN 型管，反之则是 PNP 型管。

（2）发射极与集电极的判别。为使三极管具有电流放大作用，发射结需加正偏置，集电结加反偏置，如附图 4-4 所示。

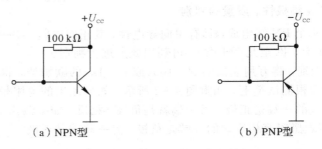

（a）NPN型　　　　　　　　　　　　（b）PNP型

附图 4-4　晶体三极管的偏置情况

当三极管的基极 B 确定后，便可判别集电极 C 和发射极 E，同时还可以大致了解穿透电流 I_{CEO} 和电流放大系数 β 的大小。

以 PNP 型管为例，若用红表笔（对应表内电池的负极）接集电极 C，黑表笔接发射极 E，（相当 C、E 极间电源正确接法），如附图 4-5 所示，这时万用表指针摆动很小，它所指示的电阻值反映管子穿透电流 I_{CEO} 的大小（电阻值大，表示 I_{CEO} 小）。如果在 C、B 间跨接一只 $R_B = 100$ kΩ电阻，此时万用表指针将有较大摆动，它指示的电阻值较小，反映了集电极电流 $I_C = I_{CEO} + \beta I_B$ 的大小，且电阻值减小愈多表示 β 愈大。如果 C、E 极接反（相当于 C、E 间电源极性反接），则三极管处于倒置工作状态，此时电流放大系数很小（一般小于 1），于是万用表指针摆动很小。因此，比较 C、E 极两种不同电源极性接法，便可判断 C 极和 E 极了，同时还可大致了解穿透电流 I_{CEO} 和电流放大系数 β 的大小，如万用表上有 h_{FE} 插孔，可利用 h_{FE} 来测量电流放大系数 β。

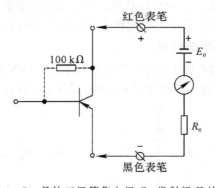

图 4-5　晶体三极管集电极 C、发射极 E 的判别

3. 检查整流桥堆的质量

整流桥堆是由四只硅整流二极管接成桥式电路，再用环氧树脂（或绝缘塑料）封装而成

的半导体器件。桥堆有交流输入端（A、B)和直流输出端（C、D)，如附图 4-6 所示。采用判定二极管的方法可以检查桥堆的质量。从图中可看出，交流输入端 A、B 之间总会有一只二极管处于截止状态使 A、B 间的总电阻趋向于无穷大。直流输出端 D、C 间的正向压降则等于两只硅二极管的压降之和。因此，用数字万用表的二极管挡测 A、B 的正、反向电压时均显示溢出，而测 D、C 间的压降时显示大约 1 V，即可证明桥堆内部无短路现象。如果有一只二极管已经被击穿短路，那么测 A、B 间的正、反向电压时，必定有一次显示 0.5 V左右。

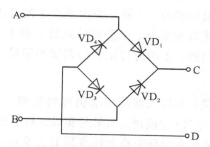

图 4-6　整流桥堆管脚及质量判别

4. 电容的测量

电容的测量一般应借助于专门的测试仪器，通常采用电桥，而用万用表仅能粗略地检查一下电解电容是否失效或是否有漏电情况。电容的测量电路如附图 4-7 所示。

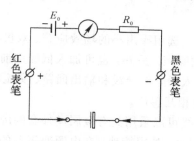

附图 4-7　电容的测量

测量前应先将电解电容的两个引出线短接一下，使电容上所充的电荷释放掉。然后将万用表置于 1k 挡，并将电解电容的正、负极分别与万用表的黑表笔、红表笔接触。正常情况下，可以看到表头指针先是产生较大偏转（向零欧姆处），然后逐渐向起始零位（高阻值处）返回。这反映了电容器的充电过程，指针的偏转反映了电容器充电电流的变化情况。

一般来说，表头指针偏转愈大，返回速度愈慢，则说明电容器的容量愈大，若指针返回到接近零位（高阻值），说明电容器漏电阻很大，指针所指示的电阻值即为该电容器的漏电阻。对于合格的电解电容器而言，该阻值通常在 500 kΩ 以上；电解电容在失效时（电解液干涸，容量大幅度下降）表头指针偏转就很小，甚至不偏转；已被击穿的电容器，其阻值接近于零。对于容量较小的电容（云母、瓷质电容等），原则上也可以用上述方法进行检查，但由于其电容量较小，表头指针偏转也很小，返回速度又很快，实际上难以对它们的电容量和性能进行鉴别，仅能检查它们是否短路或断路，这时应选用 $R \times 10k$ 挡测量。

附录5 放大器的噪声抑制和自激消除

由于放大器是一种弱电系统，具有很高的灵敏度，因此很容易接受外界和内部一些无规则的电压输出，这些就是放大器的噪声干扰电压。另外，由于安装、布线的不合理，负反馈太深以及各级放大器共用一个直流电源造成的级间耦合等，也会使放大器在没有输入信号时仍有一定幅度和频率的电压输出，这就是放大器产生的自激振荡。噪声和自激的存在，妨碍了放大器对有用信号的观察和测量，严重时导致放大器不能正常工作，所以必须采取必要的措施抑制噪声和消除自激，才能进行正常的调试和测量。

1. 噪声的产生

把放大器输入端对地短路，在放大器输出端仍可测量到一定的噪声电压，如果频率是 50 Hz 或 100 Hz，一般称为 50 Hz 交流声。如果是非周期性、没有一定规律的，可以用示波器观察其电压波形。50 Hz 交流声大都来自电源变压器或交流电源线，100 Hz 交流声往往是由于整流滤波不良造成的。另外，由电路周围的电磁波干扰信号引起的干扰噪声也是常见的。由于放大器的放大倍数很高（特别是多级放大器），只要在它的前级引入一点微弱的噪声，经过几级放大，则在输出端就会产生一个很大的干扰电压。还有，电路中的地线接得不合理，也会引起噪声。

2. 抑制噪声的措施

（1）选用低噪声的元器件。选用噪声小的场效应管、双极型超 β 对管、集成运算器、低漏感电容和金属膜电阻可抑制噪声。另外，也可加入低噪声前置差动放大器电路。

（2）合理布线。放大器输入回路的导线和输出回路、交流电源的导线彼此要分开，不要平行铺设或捆扎在一起，以免相互感应。

（3）屏蔽。小信号的输入线可以采用具有金属丝外套的屏蔽线，而且外套接地；或者整个输入级用单独的金属盒罩起来，外罩接地；在电源变压器的初、次级之间加屏蔽层；电源变压器要远离放大器的前级，必要时可以把变压器也用金属盒罩起来，以利于隔离。

（4）滤波。为防止电源串入噪声信号，可以在交（直）流电源线的进线处加滤波电路。

（5）选择合理的接地点。在多级放大器电路中，如果接地处安排不当，也会造成严重的噪声，因此要选择合理的接地点。

3. 自激振荡的消除

检查放大器是否出现自激振荡，可以把放大器输入端对地短路，用示波器（或交流毫伏表）接在放大器输出端进行观察，自激振荡的频率一般比较高或极低，而且频率随着放大器电路参数的不同而变化（甚至拨动一下放大器内部导线的位置，频率也会改变）。振荡波形一般是比较规则的，而且幅度也较大，往往会使三极管处于饱和或截止状态。

高频自激振荡主要是由于安装、布线的不合理引起的。例如输入线和输出线靠得太近产生正反馈作用，因此，安装时元器件布置要紧凑，以缩短连线的长度，或进行高频滤波或加入负反馈，以压低放大器对高频信号的放大倍数或移动高频信号的相位，从而抑制自激振荡。

　　低频自激振荡是由于放大器各级电路共用一个直流电源引起的。因为电源总有一定的内阻，特别是电池用得时间太长或稳压电源质量不高使得电源内阻比较大时，则会引起输出级接电源处的电压波动，此电压波动通过电源供电回路作用到输入级接电源处，又会使得输入级输出电压发生相应变化，经数级放大后，波形变化更厉害，如此循环，就会造成振荡。最常用的消除方法是在放大器各级电路之间加入"电源去耦电路"，以消除级间电源波动的相互影响。

参 考 文 献

[1] 方大千.实用电工手册.北京：机械工业出版社，2012.

[2] 浙江天煌实业有限公司.电工设备配套实验指导书.

[3] 冯宇，封宁君.电工技术实验教程.西安：西安电子科技大学出版社，2012.

[4] 吕如良，沈汉昌.电工手册.上海：上海科学技术出版社，2013.

[5] 高艳萍.电工电子实验指导.北京：中国电力出版社，2011.

[6] 徐长英，杨作文.电工电子实践基础教程.西安：西安电子科技大学出版社，2013.